B.I.-Hochschultaschenbücher
Band 1

Die physikalischen Prinzipien der Quantentheorie

von
Werner Heisenberg †

Bibliographisches Institut Mannheim/Wien/Zürich
B. I.-Wissenschaftsverlag

Lizenzausgabe mit Genehmigung des S. Hirzel Verlages, Stuttgart

Unveränderter Nachdruck 1986
Druck: Druckerei Krembel, Speyer
Bindearbeit: Pilger-Druckerei GmbH, Speyer
Printed in Germany
ISBN 3-411-00001-5

Vorwort.

Die Vorlesungen, die ich im Frühjahr 1929 an der Universität in Chicago zu halten hatte, gaben mir die Gelegenheit, noch einmal die Prinzipien der Quantentheorie zusammenfassend zu behandeln. Seit den abschließenden Untersuchungen Bohrs im Jahre 1927 hat sich an diesen Prinzipien nichts Wesentliches mehr geändert und manche neue Experimente haben wichtige Konsequenzen der Theorie bestätigt (Ramaneffekt). Trotzdem findet man noch heute bei vielen Physikern mehr eine Art Glauben an die Richtigkeit der neuen Prinzipien, denn ein klares Verständnis, und deswegen schien es mir gerechtfertigt, die in Chicago gehaltenen Vorlesungen in Form eines kleinen Buches herauszugeben.

Da der mathematisch-formale Apparat der Quantentheorie bereits aus einigen ausgezeichneten Darstellungen allgemein zugänglich und seine Kenntnis auch viel weiter verbreitet ist, als die der prinzipiellen Grundlagen, habe ich ihn nur in einer Art Formelsammlung an den Schluß des Buches gestellt. Im eigentlichen Text habe ich mich bemüht, mit den elementarsten Formeln und Rechnungen auszukommen, soweit dies irgendwie angängig schien.

In der Darstellung ist besonderer Wert auf die Gleichberechtigung der Korpuskular- und der Wellenvorstellung gelegt, die ja neuerdings auch im Formalismus der Theorie klar zum Ausdruck kommt. Diese weitgehende Symmetrie des Buches in Bezug auf die Wörter „Partikel" und „Welle" soll unter anderem auch dartun, daß man etwa in der Frage nach der Gültigkeit des Kausalgesetzes oder in anderen prinzipiellen Fragen nichts gewinnt, wenn man von der einen Vorstellungsweise zur anderen übergeht. Ferner habe ich versucht, den Unterschied zwischen den raum-zeitlichen Wellentheorien einerseits und den Schrödingerschen Wellen im Konfigurationsraum andererseits möglichst klar herauszuarbeiten.

Im großen und ganzen enthält jedoch das Buch nichts, was nicht schon in früheren Abhandlungen und insbesondere in den bekannten

Untersuchungen Bohrs zu finden wäre. Der Zweck des Buches scheint mir erfüllt, wenn es etwas beiträgt zur Verbreitung jenes „Kopenhagener Geistes der Quantentheorie", wenn ich so sagen darf, der ja der ganzen Entwicklung der neueren Atomphysik die Richtung gewiesen hat.

Mein Dank gilt in erster Linie den Herren Dr. C. Eckart und Dr. F. Hoyt, die nicht nur die große Mühe der englischen Übersetzung auf sich genommen, sondern insbesondere auch sachlich durch die Ausarbeitung einiger Abschnitte und durch viele gute Ratschläge wesentlich zur Verbesserung des Buches beigetragen haben. Auch Herrn Dr. G. Beck möchte ich für die Durchsicht der Korrekturen und für wertvolle Hilfe bei der Herstellung des Manuskriptes danken.

Leipzig, 3. März 1930.

W. Heisenberg.

Inhaltsverzeichnis.

	Seite
I. Einleitung	1
1. Theorie und Experiment	1
2. Grundbegriffe der Quantentheorie	3
a) Wilson-Aufnahmen	3
b) Beugung von Materiestrahlen (Davisson-Germer, Thomson, Rupp)	4
c) Beugung von elektromagnetischer Strahlung	4
d) Compton-Simonsches Experiment	5
e) Franck-Hertzsche Stoßversuche	6
II. Kritik der physikalischen Begriffe des Partikelbildes	9
1. Die Unbestimmtheitsrelationen	9
2. Nachweis der Unbestimmtheitsrelationen an verschiedenen Meßinstrumenten	15
a) Ortsmessung freier Elektronen	15
b) Geschwindigkeits- bzw. Impulsmessung an freien Elektronen	19
c) Gebundene Elektronen	23
d) Energiemessungen	29
III. Kritik der physikalischen Begriffe des Wellenbildes	36
1. Die Unbestimmtheitsrelationen im Wellenbild	36
2. Nachweis der Unbestimmtheitsrelationen an einer Meßanordnung	40
IV. Die statistische Deutung der Quantentheorie	42
1. Mathematische Betrachtungen	42
2. Interferenz der Wahrscheinlichkeiten	45
3. Bohrs Begriff der Komplementarität	47
V. Diskussion wichtiger Experimente	50
1. Wilsonsche Aufnahmen	50
2. Beugungsexperimente	57
3. Das Experiment von Einstein und Rupp	59
4. Emission, Absorption und Dispersion von Strahlung	60
a) Anwendung der Erhaltungssätze	60
b) Vollständige Behandlung	62

Seite

5. Interferenz und Erhaltungssätze 65
6. Der Comptoneffekt und das Compton-Simonsche Experiment . . . 68
7. Schwankungserscheinungen der Strahlung 70
8. Relativistische Formulierung der Quantentheorie 75

Der mathematische Apparat der Quantentheorie 78
1. Die Partikelvorstellung (Materie) 78
2. Transformationstheorie 82
3. Die Schrödingersche Differentialgleichung 85
4. Störungstheorie 86
5. Resonanz zwischen zwei Atomen; die physikalische Bedeutung der Transformationsmatrizen 88
6. Partikelbild der Strahlung 93
7. Quantenstatistik 93
8. Wellenvorstellung der Materie und der Strahlung: klassische Theorie 96
9. Quantentheorie der Wellenfelder 101
10. Anwendung auf die Wellen negativer Ladung 106
11. Beweis der mathematischen Äquivalenz der Quantentheorie des Partikelbildes und der Quantentheorie des Wellenbildes 109
12. Anwendung auf die Theorie der Strahlung 112

Literaturverzeichnis 114
Namen- und Sachregister 116

I. Einleitung.

1. Theorie und Experiment.

Die Experimente der Physik und ihre Ergebnisse können beschrieben werden wie die Dinge des täglichen Lebens: mit den Begriffen der Raum-Zeitwelt, die uns anschaulich umgibt und mit der gewöhnlichen Sprache, die zu dieser Raum-Zeitwelt paßt. Wenn sich die Physik damit begnügen könnte, etwa als Ergebnis der Experimente die Lage von Linien auf photographischen Platten oder ähnliche Dinge zu beschreiben und auf alle „Theorie" zu verzichten, so wäre jede erkenntnistheoretische Diskussion in der Physik überflüssig. Wir fassen aber verschiedene Erfahrungen in Gruppen zusammen, verbinden Ereignisse als „Ursache" und „Wirkung" und stellen, je nach dem Grade der Systematik, mehr oder weniger entwickelte Theorien auf. Dieses Vorgehen wird nicht nur in der Physik geübt, sondern ebenso schon bei den primitivsten Erfahrungen des täglichen Lebens und ist die Grundlage aller Begriffsbildung.

Bei diesem Prozeß der Begriffsbildung wird dann oft genug der Boden des erfahrungsmäßig Gegebenen verlassen, es wird häufig unbewußt verallgemeinert ohne Argumente, bis sich schließlich Widersprüche einstellen. Man müßte, so scheint es, um eine absolut sichere Grundlage für physikalische Theorien zu schaffen, die Forderung stellen, daß nur durchaus erfahrungsmäßig fundierte Begriffe zur Beschreibung der Erscheinungen angewendet werden dürfen. Diese Forderung wäre aber ganz und gar undurchführbar, denn dann bedürften wohl die alltäglichsten Begriffe einer Revision und es ist schwer abzusehen, wieviel von unserer Sprache danach überhaupt noch übrig bliebe. Eine solche allgemeine Revision scheint daher mit unüberwindlichen gedanklichen Schwierigkeiten verknüpft. Bei dieser Sachlage scheint es geratener, zunächst einen großen Reichtum von Begriffen in eine physikalische Theorie einzuführen, ohne Rücksicht auf die strenge Rechtfertigung durch die Erfahrung, und der Natur im Einzelfall jeder Theorie die Entscheidung darüber zu überlassen, ob und an welchen Punkten eine Revision der Grundbegriffe erforderlich sei.

So war z. B. für die Relativitätstheorie eine Kritik der Begriffe: Maßstäbe, Uhren usw. charakteristisch. Diese Kritik ging davon aus, daß in unserer gewöhnlichen Begriffsbildung stets stillschweigend die Annahme enthalten war, daß es Signale von unendlich großer Fortpflanzungsgeschwindigkeit im Prinzip geben könne. Nachdem empirisch sichergestellt war, daß die Natur über Geschwindigkeiten, die größer sind als die des Lichtes, nicht verfügt, schritt man – indem man diese Begrenzung als Naturgesetz postulierte – zu einer Revision aller zum Problem gehörigen Begriffe und erzielte damit eine widerspruchsfreie Deutung für Tatsachen, die früher nicht in Einklang gebracht werden konnten. Eine noch viel radikalere Abkehr von der klassischen Begriffswelt brachte die allgemeine Relativitätstheorie, in der schließlich nur noch der Begriff der raum-zeitlichen Koinzidenz kritiklos hingenommen wurde. Nach dieser Theorie ist die gewöhnliche Sprache nur zur Beschreibung von Experimenten anwendbar, in denen die Gravitationskonstante und die reziproke Lichtgeschwindigkeit als sehr klein angesehen werden können. Obwohl also die Relativitätstheorie an das Abstraktionsvermögen des Physikers die größten Ansprüche stellt, so kommt sie doch seinen aus der naturwissenschaftlichen Tradition übernommenen Bedürfnissen insofern entgegen, als sie eine strenge Trennung der Welt in Subjekt und Objekt und eine präzise Formulierung des Kausalgesetzes erlaubt. Aber eben in diesem Punkte setzen die Schwierigkeiten der Quantentheorie ein. Während in der Atomphysik eine ausführliche Kritik der Begriffe: Maßstäbe, Uhren usw. zunächst überflüssig scheint (solange man von der relativistischen Quantentheorie absieht), muß eben der Begriff der raum-zeitlichen Koinzidenz und der Begriff „Beobachtung" gründlich revidiert werden. Insbesondere muß bei der Diskussion irgendwelcher Experimente die Wechselwirkung zwischen Objekt und Beobachter berücksichtigt werden, die mit jeder Beobachtung zwangsläufig verbunden ist. In der klassischen Theorie hatte man diese Wechselwirkung entweder als vernachlässigbar klein oder als kontrollierbar angesehen, derart, daß man ihren Einfluß durch Rechnung nachträglich eliminieren konnte.

In der Atomphysik jedoch darf man diese Annahme nicht machen, da wegen der Diskontinuitäten im atomaren Geschehen jede Wechselwirkung teilweise unkontrollierbare, verhältnismäßig große Änderungen hervorrufen kann.

Dieser Umstand hat zur Folge, daß im allgemeinen die Experimente zur Bestimmung einer physikalischen Größe gleichzeitig die etwa früher gewonnene Kenntnis anderer Größen illusorisch machen, indem sie das zu messende System in unkontrollierbarer Weise beeinflussen und damit die früher bekannten Größen ändern. Verfolgt man diese Beeinflussung quantitativ, so findet man, daß in vielen Fällen für die gleichzeitige Kenntnis verschiedener Variabeln eine endliche Genauigkeitsgrenze existiert, die nicht unterschritten werden kann. In der Relativitätstheorie war der Ausgangspunkt für die Kritik der Begriffe das Postulat, daß es keine Signalgeschwindigkeit größer als die des Lichtes geben könne. In ähnlicher Weise kann man die genannten unteren Genauigkeitsgrenzen für die gleichzeitige Kenntnis verschiedener Variabeln in den sog. „Unbestimmtheitsrelationen" als Naturgesetz postulieren und sie zum Ausgangspunkt der Kritik der quantentheoretischen Begriffe machen. Diese „Unbestimmtheitsrelationen" geben eben den Grad von Freiheit gegenüber der klassischen Begriffswelt, der zur widerspruchsfreien Beschreibung atomarer Prozesse notwendig ist.

Das Programm der folgenden Entwicklungen muß also sein, zunächst eine Übersicht zu gewinnen über alle Begriffe, deren Einführung uns durch die Experimente anschaulich nahegelegt wird, dann den Anwendungsbereich der verschiedenen Begriffe festzulegen und zu zeigen, daß die so eingeschränkten Begriffe zusammen mit dem mathematischen Formalismus der Quantentheorie ein widerspruchsfreies System bilden.

2. Grundbegriffe der Quantentheorie.

Einen vorläufigen Überblick über die wichtigsten Begriffsbildungen der Atomphysik geben die folgenden, durch bekannte Aufnahmen (Fig. 1—4) charakterisierten Erfahrungstatsachen:

a) Wilson-Aufnahmen[1]).

Durchsetzen die von radioaktiven Elementen ausgesandten materiellen Strahlen eine Kammer, welche übersättigten Wasserdampf enthält, so erzeugen sie, vorausgesetzt, daß sie hinreichend viel Energie besitzen, strichartige Spuren von kondensiertem Wasserdampf (Fig. 1). Dieses Experiment beweist den diskreten Charakter der Materiestrahlen und

[1]) Die Zahlen „[1])" usw. beziehen sich auf das Literaturverzeichnis S. 114.

zeigt, daß es zweckmäßig ist, sich diese Strahlen als aus kleinen schnellfliegenden Teilchen bestehend vorzustellen. Eine in der Wilsonkammer auftretende Spur von Wassertröpfchen stellt direkt die Bahn einer einzelnen Partikel dar. Unter einer Partikel oder Korpuskel versteht man dabei stets ein Gebilde, welches sich wie ein Massenpunkt der klassischen Mechanik bewegt, somit ein punktförmiges Gebilde, dessen Bewegungszustand lediglich durch die physikalischen Felder in seiner unmittelbaren Umgebung beeinflußt wird. Die Entstehung der Spur hat man sich so vorzustellen, daß ein Teilchen auf seinem Wege gegen die Gasatome der Kammer stößt und sie ionisiert. Die entstehenden Ionen bewirken dann Kondensation des Wasserdampfes in der Umgebung und bilden so die Keime für kleine Wassertröpfchen. Auf diese Weise entstehen dann längs der Bahn des fliegenden Teilchens Spuren von Wassertröpfchen, welche direkt der Beobachtung zugänglich sind.

Es ist bekannt, daß man durch Ablenkungsversuche im elektrischen und magnetischen Feld Geschwindigkeit und Masse der Partikeln bestimmen kann, und daß es ferner möglich ist, auch die Ladung der einzelnen Teilchen zu messen.

b) Beugung von Materiestrahlen[2]) (Davisson-Germer, Thomson, Rupp).

Durchsetzt ein Materiestrahl ein Gitter (Raumgitter, Strichgitter), so treten dieselben Interferenzerscheinungen auf, die aus der Optik der sichtbaren und Röntgenstrahlen bekannt sind (Fig. 2 stellt nach Thomson eine Debye-Scherrer-Aufnahme mit Materiestrahlen dar). Ebensolche Erscheinungen ergeben sich natürlich auch bei der Reflexion eines Materiestrahls an einem Gitter. Es ist daher nützlich, die Materiestrahlen anschaulich als Wellenvorgänge zu deuten.

Die Messung der Beugungsmaxima verschiedener Ordnung gestattet wie in der Optik die Bestimmung der Wellenlänge der Materiestrahlen. Die Wellenlänge steht empirisch in Beziehung zum mechanischen Impuls p der einzelnen Korpuskeln, welcher den Materiestrahlen bei den unter a) besprochenen Erscheinungen zugeordnet werden mußte. Nach de Broglie gilt für die Wellenlänge

$$\lambda = \frac{h}{p}. \quad (h \text{ Plancksche Konstante.})$$

c) Beugung von elektromagnetischer Strahlung.

Treten sichtbare oder Röntgenstrahlen durch ein Gitter, oder werden sie von einem solchen reflektiert, so treten die bekannten Interferenz-

Tafel I
(zu Seite 3/4).

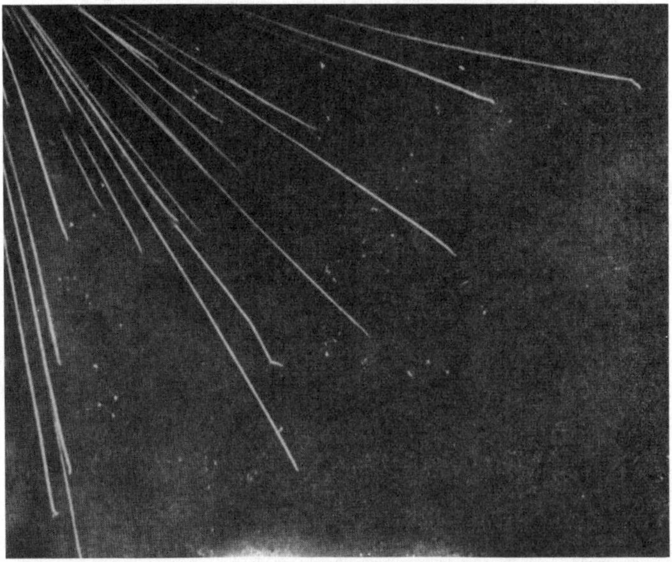

Fig. 1

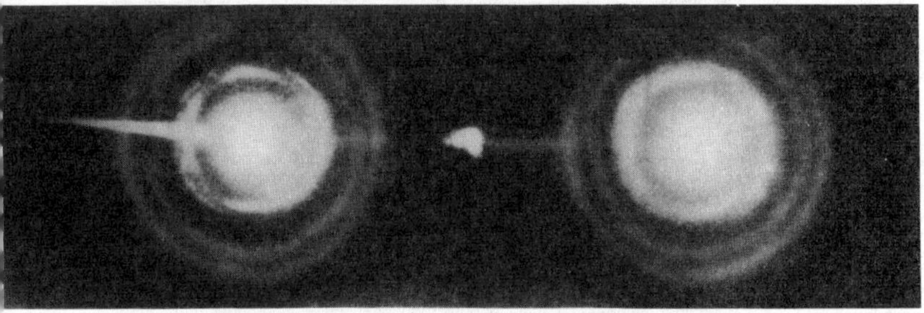

Fig. 2

Tafel II
(zu Seite 5).

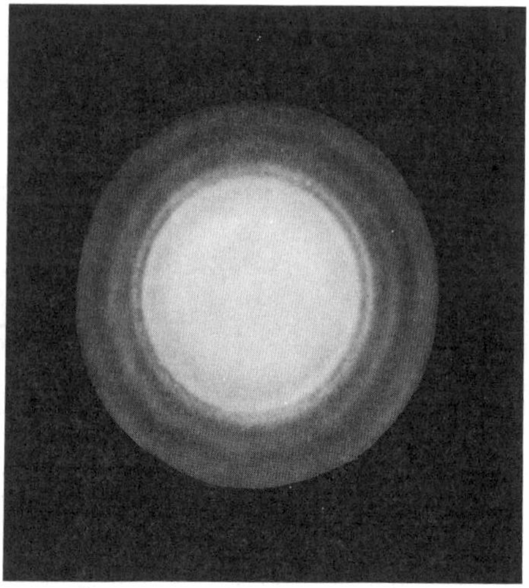

Fig. 3

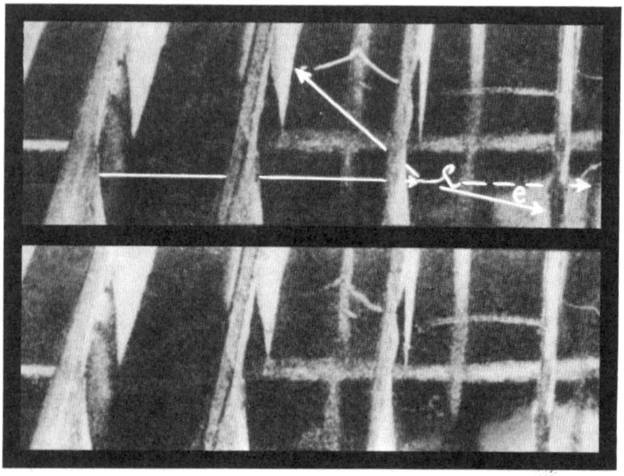

Fig. 4

erscheinungen auf, welche die Grundlage der Wellentheorie der Strahlung bilden und in bekannter Weise dazu benützt werden können, die Wellenlänge der betreffenden Strahlung zu messen. Fig. 3 zeigt eine Debye-Scherrer-Aufnahme mit Röntgenstrahlen. Das Prinzip dieser Aufnahme besteht darin, daß ein Röntgenstrahlbündel auf ein Kristallpulver trifft. Die einzelnen, unregelmäßig gelagerten Kriställchen geben außer dem durchtretenden Primärstrahl noch Beugungsbilder, welche zusammen das Bild von Fig. 3 ausmachen.

d) Compton-Simonsches Experiment[3]).

Tritt ein Röntgenstrahl in eine Wilsonsche Kammer (vgl. a)), so löst er bei Streuung an einem Gasmolekül in der Kammer ein Elektron (Rückstoßelektron) aus, welches, wie unter a) beschrieben, durch seine Nebelspur sichtbar gemacht werden kann. Diese Erscheinung kann so gedeutet werden, daß die elektromagnetische Strahlung (hier der Röntgenstrahl) aus einzelnen Korpuskeln besteht, welche mit den Elektronen der Gasmoleküle zusammenstoßen (Einsteinsche[4]) Lichtquantenhypothese). Den einzelnen Lichtquanten ist dabei Energie (E) und Impuls (p) zuzuschreiben, welche mit der in c) gemessenen Frequenz ν der betreffenden Strahlung zusammenhängen:

$$E = h \cdot \nu, \quad p = \frac{h}{\lambda}.$$

Die Anwendung der mechanischen Stoßgesetze für Massenpunkte auf die Reaktion Lichtquant-Elektron liefert nun in elementarer Weise einen Zusammenhang zwischen der Richtung des gestoßenen Elektrons und der Richtung, in welcher das gestreute Lichtquant sich fortbewegt. Das Experiment von Compton-Simon gestattet direkt die Folgerungen aus der rein korpuskularen Theorie der Röntgenstrahlstreuung zu überprüfen. Die Richtung des Rückstoßelektrons kann ja an der Nebelspur in der Wilsonkammer gemessen werden, ferner ist es unter Umständen auch möglich, die Richtung des gestreuten Lichtquants zu beobachten. Dieses kann nämlich beim Durchlaufen der Wilsonkammer seinerseits wieder ein Elektron aus einem Atom auslösen, welches dann durch seine Nebelspur sichtbar wird. Aus der Beobachtung in der Wilsonkammer lassen sich daher die Orte der beiden Prozesse, welche das Lichtquant auslöst, bestimmen und damit natürlich auch die Richtung der Verbindungslinie, welche die Bahn des Lichtquants darstellt. (Der untere Teil von Fig. 4 stellt die Aufnahme eines solchen Stoßvorgangs dar; der obere Teil gibt die gleiche Aufnahme, doch sind hier die Partikelbahnen als Pfeile eingezeichnet.) Die Aufnahmen von Compton-Simon konnten nun tatsächlich nachweisen, daß die Gesetze des elastischen Stoßes erfüllt sind, und setzen dadurch die korpuskulare Natur der elektromagnetischen Strahlung direkt in Evidenz.

e) Franck-Hertzsche Stoßversuche[5]).

Schickt man einen Strahl langsamer Elektronen von homogener Geschwindigkeit durch ein Gas, so ändert sich der Elektronenstrom bei Variation der Geschwindigkeit bei gewissen diskreten Werten der Geschwindigkeit (Energie) unstetig. Die genaue Analyse dieser Experimente führt zu folgender Deutung: Die Atome des Gases sind selbst nur gewisser diskreter Energiewerte fähig (Bohrsches Grundpostulat). Wenn der Energiewert bekannt ist, so spricht man nach Bohr von einem „stationären Zustand" des Atoms. Reicht nun die kinetische Energie eines Elektrons nicht aus, um ein Atom aus seinem ursprünglichen Zustand in den energetisch nächsthöheren zu bringen, so erleidet das Elektron nur elastische Zusammenstöße mit den Gasatomen, ändert daher bei den Stößen den Betrag seiner Geschwindigkeit nicht. Steigert man nun aber die Energie des Elektronenstrahls bis zu dem Wert, wo die kinetische Energie eines einzelnen Elektrons genügt, um das Atom in den nächsthöheren Energiezustand zu heben, so wird beim Durchlaufen des Gases ein Teil der Elektronen seine Energie an die Gasatome abgeben, der Elektronenstrom ändert sich dadurch an der kritischen Stelle sehr schnell.

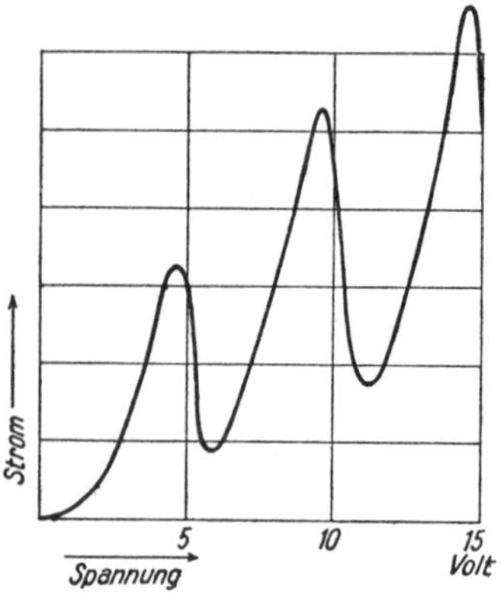

Fig. 5.

Der durch das Franck-Hertzsche Experiment veranschaulichte Begriff der stationären Zustände ist der prägnanteste Ausdruck für die in allen atomaren Prozessen beobachteten Diskontinuitäten.

Aus den grundlegenden Experimenten geht zunächst hervor, daß Materie und Strahlung eine merkwürdige Doppelnatur aufweisen, indem ihr Verhalten einmal dem Verhalten von Wellen, ein anderes Mal dem von Korpuskeln gleicht. Dieser Dualismus zwischen Partikel-

und Wellenvorstellung ist in den Strahlungsphänomenen vor über zwanzig Jahren von Einstein nachgewiesen worden, seine Gültigkeit für die Materie wurde erst vor wenigen Jahren von de Broglie[6]) erkannt. Nun ist es klar, daß die Materie nicht gleichzeitig aus Wellen und Partikeln bestehen kann, die beiden Vorstellungen sind viel zu verschieden. Vielmehr muß die Lösung der Schwierigkeit darin zu suchen sein, daß beide Bilder (Partikel- und Wellenbild) nur ein Recht als Analogien beanspruchen können, die manchmal zutreffen und manchmal versagen. In der Tat ist z. B. experimentell nur nachgewiesen, daß sich die Elektronen in gewissen Experimenten wie Teilchen verhalten, aber durchaus nicht gezeigt, daß die Elektronen alle Attribute des Korpuskularbildes besitzen. Das Gleiche gilt mutatis mutandis für das Wellenbild. Beide Vorstellungen können als Analogien nur in gewissen Grenzfällen Gültigkeit beanspruchen; als Ganzes sind aber die Atomphänomene nicht unmittelbar in unserer Sprache beschreibbar. Licht und Materie sind einheitliche physikalische Phänomene, ihre scheinbare Doppelnatur liegt an der wesentlichen Unzulänglichkeit unserer Sprache.

Es ist auch, wie in der Einleitung betont, keineswegs merkwürdig, daß unsere Sprache bei der Beschreibung atomarer Prozesse versagt; denn ihre Begriffe gehen auf die Erfahrungen des täglichen Lebens zurück, in denen wir es stets mit großen Mengen von Atomen zu tun haben, jedoch nie einzelne Atome beobachten. Für atomare Prozesse haben wir also keine Anschauung. Für die mathematische Ordnung der Phänomene ist glücklicherweise eine solche Anschauung auch gar nicht nötig; wir besitzen ein mathematisches Schema der Quantentheorie, das allen Experimenten der Atomphysik gerecht wird. Will man trotzdem von der Mathematik zur anschaulichen Beschreibung der Vorgänge übergehen, so muß man sich mit unvollständigen Analogien begnügen, wie sie uns Wellen- und Partikelbild bieten.

Dieser Dualismus der anschaulichen Vorstellung bildet, wie Bohr[7]) gezeigt hat, ebenfalls einen naturgemäßen Ausgangspunkt für die Kritik der in die Theorie eingeführten Bilder und Begriffe. Denn offenbar führt die kritiklose gleichzeitige Anwendung von Wellen- und Korpuskelbild zu unmittelbaren Widersprüchen. Aus dem gleichzeitigen Bestehen beider Bilder kann sofort geschlossen werden, daß für die Anwendbarkeit eines jeden dieser Bilder von der Natur Grenzen gesetzt sind. Die Grenzen, bis zu denen das Partikelbild anwendbar bleibt, können z. B. aus dem Wellenbild ermittelt werden. Wie Bohr gezeigt hat, erhält man so eine einfache Ableitung der Unbestimmtheitsrelationen zwischen Impuls und Koordinate eines Teilchens.

Ebenso kann man aus der Partikelvorstellung auf die Grenzen schließen, die von der Natur einer Anwendung des Wellenbildes gesetzt sind.

Bevor wir zu dieser Kritik der Grundbegriffe übergehen, muß jedoch hervorgehoben werden, daß historisch die Entwicklung des mathematischen Apparates der Quantentheorie dem physikalischen Verständnis der Atomphysik vorhergegangen ist. Um das Verständnis der Zusammenhänge nicht gleich zu Anfang mit zuviel Mathematik zu erschweren, haben wir den Formalismus der Quantentheorie, soweit er für die allgemeinen Diskussionen notwendig ist, an den Schluß des Buches gestellt (zitiert als *M*). Auf diese Übersicht müssen wir aber natürlich in vielen Beispielen verweisen, da ohne Mathematik physikalische Probleme nicht angegriffen werden können.

II. Kritik der physikalischen Begriffe des Partikelbildes.

1. Die Unbestimmtheitsrelationen[8]).

Die Begriffe: Ort, Geschwindigkeit, Energie sind gewonnen aus einfachen Experimenten der täglichen Erfahrung, in denen das mechanische Verhalten makroskopischer Gebilde durch diese Wörter beschrieben wird; diese Begriffe werden dann übertragen auf die Elektronen, da sich die Elektronen in einigen grundlegenden Experimenten mechanisch ähnlich verhalten, wie Gegenstände der täglichen Erfahrung. Da wir aber wissen, daß diese Ähnlichkeit nur in einem beschränkten Gebiet besteht, so muß der Anwendungsbereich der Begriffe des Partikelbildes in entsprechender Weise eingeschränkt werden. Zu dieser Einschränkung gelangt man nach Bohr[7]) in der einfachsten Weise, indem man sich daran erinnert, daß alle anschaulichen (d. h. in Raum und Zeit beschreibbaren) Fakta der Atomphysik *auch* im Wellenbild beschreibbar sein müssen. Die folgenden Überlegungen gelten in gleicher Weise für jede der drei Raumkoordinaten des Elektrons und werden daher nur für eine durchgeführt. Die Tatsache, daß der Ort eines Elektrons mit einer gewissen Genauigkeit Δq bekannt ist, läßt sich im Wellenbild offenbar durch eine Wellenfunktion beschreiben, deren Amplitude nur in einem kleinen Bereiche von der ungefähren Größe Δq merklich von Null verschieden ist. Eine derartig gebaute Wellenfunktion kann man sich stets zusammengesetzt denken aus einer Anzahl von Partialwellen, welche so miteinander interferieren, daß sie sich in dem kleinen Raumbereich Δq gegenseitig verstärken, außerhalb desselben aber überall gegenseitig auslöschen. Ein derartiges Gebilde bezeichnet man als *Wellenpaket*. Ein allgemeiner mathematischer Satz besagt, daß es durch geeignete Zusammensetzung der einzelnen Partialwellen stets möglich ist, ein Wellenpaket von beliebiger Gestalt aufzubauen. Im Laufe der Zeit wird ein derartiges Wellenpaket im allgemeinen seine Größe und seine Gestalt verändern und wird schließlich, abgesehen von speziellen

Fällen, über den ganzen Raum zerstreut werden. Der Geschwindigkeit des Wellenpakets entspricht auch die Geschwindigkeit des Elektrons. Jedoch ist durch das Wellenpaket keine genaue Geschwindigkeit definiert, da es sich, wie gesagt, abgesehen von seiner Vorwärtsbewegung, noch ausbreitet und zerstreut. Diese Zerstreuung gibt also zu einer Unbestimmtheit in der Definition des Impulses (Masse × Geschwindigkeit) vom Betrag sagen wir Δp Anlaß. Aus den einfachsten Gesetzen der Optik zusammen mit Gleichung *M* (203), (204) des mathematischen Anhangs kann hergeleitet werden, daß

$$\Delta q \, \Delta p \gtrsim h . \tag{1}$$

Man denke sich das Wellenpaket aus ebenen Wellen zusammengesetzt, deren Wellenlängen in der Umgebung von $\lambda = \lambda_0$ liegen sollen. Es fallen also im ganzen etwa $\frac{\Delta q}{\lambda_0} = n$ Wellenberge und -täler in das Gebiet innerhalb des Pakets; außerhalb sollen sich die ebenen Wellen durch Interferenz kompensieren. Dies ist dann und nur dann möglich, wenn in der Gesamtheit der verwendeten ebenen Wellen auch solche vorkommen, für die mindestens $n + 1$ Wellen in das kritische Gebiet fallen. Es wird also

$$\frac{\Delta q}{\lambda_0 - \Delta \lambda} \gtrsim n + 1 , \tag{2}$$

wo $\Delta \lambda$ ungefähr den Wellenlängenbereich angibt, der zur Darstellung des Pakets notwendig ist. Es folgt

$$\frac{\Delta q}{\lambda_0^2} \cdot \Delta \lambda \gtrsim 1 . \tag{3}$$

Andererseits ist die Gruppengeschwindigkeit der Wellen (vgl. *M* (204), μ Elektronenmasse)

$$v_g = \frac{h}{\lambda_0 \cdot \mu} ,$$

die dem Bereich $\Delta \lambda$ entsprechende Zerstreuung des Pakets ist also durch

$$\Delta v_g = \frac{h}{\lambda_0^2 \mu} \Delta \lambda \tag{4}$$

charakterisiert. Nach Definition ist $\Delta p = \mu \Delta v_g$ und nach (3) daher

$$\Delta p \cdot \Delta q \gtrsim h . \tag{5}$$

Diese Beziehung kann einzeln auf jeden Freiheitsgrad für sich angewendet werden:

$$\Delta x \Delta p_x \gtrsim h; \quad \Delta y \Delta p_y \gtrsim h; \quad \Delta z \Delta p_z \gtrsim h. \tag{6}$$

Die Unbestimmtheitsrelationen entsprechen der früher üblichen Einteilung des Phasenraumes in Zellen der Größe h und präzisieren den physikalischen Inhalt dieser Zelleneinteilung. Die Unbestimmtheitsrelationen scheinen jedoch natürlicher als die frühere Zelleneinteilung des Phasenraumes, weil die willkürlich festgelegten Wände zwischen den Zellen wegfallen. Die Relationen (6) geben die Grenzen an, bis zu denen die Begriffe der Partikeltheorie angewendet werden können. Ein über Gleichung (6) hinausgehender, genauerer Gebrauch der Wörter „Ort, Geschwindigkeit" ist ebenso inhaltslos, wie die Anwendung von Wörtern, deren Sinn nicht definiert worden ist*).

Die Unbestimmtheitsrelationen können auch ohne unmittelbare Bezugnahme auf das Wellenbild mit Hilfe des mathematischen Schemas (*M* § 2) der Quantentheorie und seiner physikalischen Interpretation hergeleitet werden[9]):

Irgendeine Kenntnis der Koordinate q des Elektrons kann durch eine Wahrscheinlichkeitsamplitude $S(q')$ ausgedrückt werden in der Weise, daß $|S(q')|^2 dq'$ die Wahrscheinlichkeit dafür angibt, das Elektron zwischen q' und $q' + dq'$ anzutreffen. Sei

$$\bar{q} = \int q' \, |S(q')|^2 \, dq' \tag{7}$$

der Mittelwert für q, so wird man Δq, definiert durch

$$(\Delta q)^2 = 2 \int (q' - \bar{q})^2 \, |S(q')|^2 \, dq' \tag{8}$$

als die Ungenauigkeit in der Kenntnis des Elektronenortes bezeichnen können. In genau analoger Weise gibt $|S(p')|^2 dp'$ die Wahr-

---

*) Man muß hier daran denken, daß die menschliche Sprache ganz allgemein erlaubt, Sätze zu bilden, aus denen keine Konsequenzen gezogen werden können, die also eigentlich völlig inhaltsleer sind, obwohl sie eine Art von anschaulicher Vorstellung vermitteln. So führt z. B. die Behauptung, daß es neben unserer Welt noch eine zweite gebe, mit der jedoch *prinzipiell* keinerlei Verbindung möglich sei, zu gar keiner Folgerung; trotzdem entsteht in unserer Phantasie bei dieser Behauptung eine Art von Bild. Selbstverständlich kann ein solcher Satz weder bewiesen noch widerlegt werden. — Besonders vorsichtig muß man bei der Anwendung des Ausdruckes: „in Wirklichkeit" sein, da er sehr leicht zu Behauptungen der eben besprochenen Art verleitet.

scheinlichkeit dafür an, einen Impuls des Elektrons zwischen p' und $p' + d\,p'$ zu messen. Wir setzen wieder

(9) $$\bar{p} = \int p' \,|\, S(p') \,|^2 \, d\,p \qquad \text{und}$$

(10) $$(\varDelta\, p)^2 = 2 \int (p' - \bar{p})^2 \,|\, S(p') \,|^2 \, d\,p'$$

und bezeichnen $\varDelta\, p$ als Ungenauigkeit in der Kenntnis des Elektronenimpulses.

Zwischen $S(p')$ und $S(q')$ besteht nach M (188) die Relation

(11) $$S(p') = \int S(p'\,q')\, S(q')\, d\,q',$$

wo $S(p'\,q')$ die Transformationsfunktion bedeutet, die von einem Koordinatensystem (im Hilbertschen Raum), in dem q Diagonalmatrix ist, überführt zu einem anderen Koordinatensystem, in dem p als Diagonalmatrix erscheint. Aus

$$S^{-1}\, p_{(p)}\, S = p_{(q)}$$

folgt dann nach M (169)

(12) $$\frac{h}{2\pi i}\,\frac{\partial}{\partial q'}\, S(p'\,q') = p'\, S(p'\,q');$$

(13) $$S = \text{const} \cdot e^{\frac{2\pi i}{h}\, p'\, q'}.$$

Durch Normierung erhält man

(14) $$S(p'\,q') = \frac{1}{\sqrt{h}}\, e^{\frac{2\pi i}{h}\, p'\, q'}.$$

Die Werte $\varDelta\, p$ und $\varDelta\, q$ sind also durch (11) und (14) mathematisch verknüpft und man kann sich fragen, welche Funktion $S(q')$ das Produkt $\varDelta\, p \cdot \varDelta\, q$ zu einem Minimum macht:

(15) $$\varDelta\, p \cdot \varDelta\, q = \text{Min.}$$

Um die weiteren Rechnungen zu vereinfachen, führen wir die folgenden Abkürzungen ein:

(16) $$\begin{cases} x = q' - \bar{q}; \quad y = p' - \bar{p} \\ s(x) = S(q')\, e^{\frac{2\pi i}{h}\, \bar{p}\, q'} \\ t(y) = S(p')\, e^{-\frac{2\pi i}{h}\, \bar{q}\,(p' - \bar{p})}. \end{cases}$$

Dann wird aus (8) und (10)

$$(17)\qquad \begin{cases} (\Delta q)^2 = 2\int x^2\,|\,s\,(x)\,|^2\,d\,x \\ (\Delta p)^2 = 2\int y^2\,|\,t\,(y)\,|^2\,d\,y\,, \end{cases}$$

aus (14) folgt:

$$(18)\qquad t\,(y) = \frac{1}{\sqrt{h}}\int s\,(x)\,e^{\frac{2\pi i}{h}x\,y}\,d\,x\,.$$

Man leitet aus (16)—(18) ab:

$$(17\,\mathrm{a})\qquad \begin{cases} \frac{1}{2}(\Delta p)^2 = \frac{1}{\sqrt{h}}\int y^2\,t^*\,(y)\,d\,y\cdot\int s\,(x)\,e^{\frac{2\pi i}{h}x\,y}\,d\,x \\ = \frac{1}{\sqrt{h}}\int t^*\,(y)\,d\,y\int s\,(x)\left(\frac{h}{2\pi i}\,\frac{\partial}{\partial x}\right)^2 e^{\frac{2\pi i}{h}x\,y}\,d\,x \\ = \frac{1}{\sqrt{h}}\int t^*\,(y)\,d\,y\cdot\left(\frac{h}{2\pi i}\right)^2\int\frac{\partial^2 s}{\partial x^2}\,e^{\frac{2\pi i}{h}x\,y}\,d\,x \\ = \left(\frac{h}{2\pi i}\right)^2\cdot\int s^*\,(x)\,\frac{\partial^2 s}{\partial x^2}\,d\,x \\ = \frac{h^2}{4\pi^2}\cdot\int\left|\frac{\partial s}{\partial x}\right|^2 d\,x\,. \end{cases}$$

Nun folgt aus der selbstverständlichen Beziehung

$$(19)\qquad \left|\frac{x}{(\Delta q)^2}\,s\,(x) + \frac{\partial s}{\partial x}\right|^2 \geq 0$$

die Ungleichung

$$\left|\frac{\partial s}{\partial x}\right|^2 \geq \frac{1}{(\Delta q)^2}\,|\,s\,(x)\,|^2 - \frac{d}{d\,x}\left(\frac{x}{(\Delta q)^2}\,|\,s\,(x)\,|^2\right) - \frac{x^2}{(\Delta q)^4}\,|\,s\,(x)\,|^2$$

und durch Integrieren nach (17a):

$$\frac{1}{2}(\varDelta p)^2 \geq \frac{1}{2}\frac{h^2}{4\pi^2}\frac{1}{\varDelta q^2}, \text{ also *)}$$

$$\varDelta p \varDelta q \geq \frac{h}{2\pi}. \tag{20}$$

Das Minimum kann nur erreicht werden für Funktionen $s(x)$, für welche in (19) das Gleichheitszeichen gilt. Es muß also dann sein

$$\frac{\partial s}{\partial x} = -\frac{x}{(\varDelta q)^2} s(x) \text{ oder}$$

$$s(x) = \text{const} \cdot e^{-\frac{x^2}{2(\varDelta q)^2}}$$

$$S(q') = \text{const} \cdot e^{-\frac{(q'-\bar{q})^2}{2(\varDelta q)^2} - \frac{2\pi i}{h}\bar{p}\, q'} \text{ und nach (14)}$$

$$S(p') = \text{const} \cdot e^{-\frac{(p'-\bar{p})^2}{2(\varDelta p)^2} + \frac{2\pi i}{h}\bar{q}\,(p'-p)}$$

Die Gaußsche Verteilung für die Wahrscheinlichkeiten der p- und q-Messung liefert also den Minimalwert von $\varDelta p \cdot \varDelta q$, für alle anderen Verteilungen ist das Ungenauigkeitsprodukt größer als $\frac{h}{2\pi}$.

Es sei noch hervorgehoben, daß diese Ableitung in ihrem mathematischen Inhalt in keiner Weise verschieden ist von der Ableitung der Unbestimmtheitsrelationen aus dem Dualismus Partikel- und Wellenbild; nur ist der Beweis von (20) hier präzis durchgeführt. Physikalisch scheint (20) zunächst allgemeiner als (6), da sich (6) speziell auf Ort und Impulsmoment freier Elektronen bezieht, während (20) für irgendwelche kanonisch konjugierten Variabeln gilt und auch bei gebundenen Elektronen anwendbar ist.

Dieser Vorteil von (20) gegenüber (6) ist aber, wie Bohr betont hat, geringer als es zunächst den Anschein hat, weil z. B. die Orts- oder

---

*) Es sei hier bemerkt, daß zuweilen statt der hier definierten Größen $\varDelta\eta$ (η steht hier für p oder q) die „mittlere Ungenauigkeit“ $\varDelta\eta'$ verwendet wird, welche mit unseren Größen durch die Beziehung

$$\varDelta\eta = \sqrt{2}\,\varDelta\eta'$$

zusammenhängt. (20) lautet dann $\varDelta p'\, \varDelta q' \geq \frac{1}{2}\frac{h}{2\pi}$. Vgl. etwa Weyl, Gruppentheorie und Quantenmechanik, S. 67. Leipzig 1928.

Impulsmessung eines gebundenen Elektrons nur durch solche Experimente realisiert werden kann, für welche das Elektron praktisch als frei angesehen werden darf.

2. Nachweis der Unbestimmtheitsrelationen an verschiedenen Meßinstrumenten.

a) Ortsmessung freier Elektronen.

Die Unbestimmtheitsrelationen beziehen sich auf den Genauigkeitsgrad unserer gegenwärtigen (gleichzeitigen) Kenntnis der verschiedenen quantentheoretischen Größen. Da diese Relationen nicht die Genauigkeit z. B. einer Ortsmessung allein oder einer Geschwindigkeitsmessung allein beschränken, so äußert sich ihre Wirkung nur darin, daß jedes Experiment, das eine Messung etwa des Ortes ermöglicht, notwendig die Kenntnis der Geschwindigkeit in gewissem Grade stört. Nehmen wir z. B. an, daß die Geschwindigkeit des Elektrons genau bekannt sei, der Ort dagegen völlig unbekannt. Dann muß jede folgende Beobachtung des Ortes das Impulsmoment des Elektrons ändern; und zwar muß diese Änderung um einen derartigen Betrag unbestimmt sein, daß nach Durchführung des Experiments unsere Kenntnis der Elektronenbewegung durch die Ungenauigkeitsrelationen beschränkt ist. Dies soll im folgenden an einigen Experimenten als Beispielen nachgewiesen werden. Vorher sei jedoch bemerkt, daß die Unbestimmtheitsrelationen sich offenbar nicht auf die Vergangenheit beziehen. Denn wenn zunächst die Elektronengeschwindigkeit bekannt ist, dann der Ort genau gemessen wird, so lassen sich auch für die Zeit *vor* der Ortsmessung die Elektronenorte genau ausrechnen; für diese Vergangenheit ist $\Delta q \Delta p$ dann kleiner als der übliche Grenzwert. Diese Kenntnis der Vergangenheit hat jedoch rein spekulativen Charakter, denn sie geht (wegen der Impulsänderung bei der Ortsmessung) keineswegs als Anfangsbedingung in irgendeine Rechnung über die Zukunft des Elektrons ein und tritt überhaupt in keinem physikalischen Experiment in Erscheinung. Ob man der genannten Rechnung über die Vergangenheit des Elektrons irgendeine physikalische Realität zuordnen soll, ist also eine reine Geschmacksfrage.

Als erstes Beispiel für die Störung der Impulskenntnis durch einen Apparat zur Ortsmessung wählen wir die Ortsmessung durch ein Mikroskop (Bohr a. a. O.). Das Elektron bewege sich in einem solchen Abstand unter dem Objektiv des Mikroskops, daß der Öffnungswinkel des vom Elektron ausgehenden gestreuten Strahlenbündels ε beträgt. Die Wellenlänge und Frequenz des auf das Elektron fallenden Lichtes sei λ bzw. ν. Die Genauigkeit der Ortsmessung in der x-Richtung (s. Fig. 6) beträgt dann nach den Gesetzen der Optik

$$\Delta x \sim \frac{\lambda}{\sin \varepsilon}. \tag{21}$$

Zur Ortsmessung muß mindestens ein Lichtquant am Elektron gestreut werden und durch das Mikroskop ins Auge des Beobachters gelangen; durch dieses eine Lichtquant erhält das Elektron einen Compton-Rückstoß der Größenordnung $\frac{h\nu}{c}$. Der Rückstoß ist nicht genau bekannt, da die Richtung des Lichtquants innerhalb des Strahlenbündels (vom Öffnungswinkel ε) unbekannt ist. Also gilt für die Unsicherheit des Rückstoßes in der x-Richtung

$$\Delta p_x = \frac{h\nu}{c} \cdot \sin \varepsilon \tag{22}$$

und es folgt für die Kenntnis der Elektronenbewegung nach dem Experiment

$$\Delta p_x \cdot \Delta x \sim h. \tag{23}$$

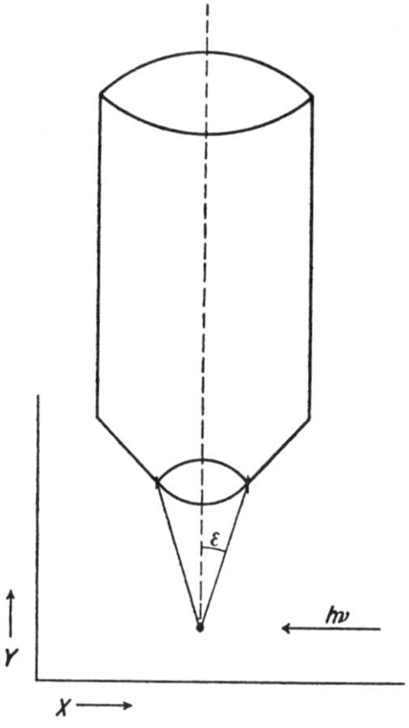

Fig. 6.

Gegen diese Herleitung lassen sich zunächst noch Einwände erheben: Die Unbestimmtheit des Rückstoßes hat ja darin seinen Grund, daß es unbekannt ist, welchen Weg innerhalb des Strahlenbündels das Lichtquant zurücklegt. Man könnte also versuchen, diesen Weg dadurch festzulegen, daß man das ganze Mikroskop beweglich anordnet und den Rückstoß mißt, den das Mikroskop vom Lichtquant erhält. Dies wird jedoch nichts zur Umgehung der Unbestimmtheitsrelationen helfen; denn es taucht dann sofort die Frage nach dem Ort des Mikroskops auf und für Ort und Moment des ganzen Mikroskopes bestehen wieder die Relationen (23).

Man kann freilich von einer Ortsmessung des Mikroskopes ganz absehen, wenn man etwa gleichzeitig das Elektron und eine feste Skala durchs bewegliche Mikroskop beobachtet. Dann aber müssen für eine Beobachtung gleichzeitig mindestens zwei Lichtquanta (eins von der Skala und eins vom Elektron) durch das Mikroskop zum Beobachter gehen, eine Messung des Mikroskop-Rückstoßes hilft dann nicht mehr, um eine Aussage über das vom Elektron kommende Lichtquant zu erhalten usw.

Man könnte auch daran denken, die Genauigkeit der Ortsmessung wesentlich zu steigern, indem man das Maximum des durch das Mikroskop entworfenen Beugungsbildes genau ausmißt. Hierbei ist jedoch zu beachten, daß dies nur möglich ist, wenn das Beugungsbild (etwa auf der photographischen Platte oder im Auge) durch *viele* Lichtquanten entsteht. Eine elementare Rechnung zeigt, daß das Maximum eines Beugungsbildes der Breite Δx, das von m Lichtquanten erzeugt wird, mit der Genauigkeit $\Delta x' = \frac{\Delta x}{\sqrt{m}}$ festgelegt werden kann. Man erhält also in der Tat eine Steigerung der Ortsgenauigkeit um den Faktor $\sqrt{m}$. Andererseits gibt nun jedes der m Lichtquanten zur Impulsungenauigkeit einen Beitrag $\Delta p_x = \frac{h\nu}{c} \sin \varepsilon$ und die Gesamtungenauigkeit wird (nach dem Additionstheorem für unabhängige Fehler) $\Delta p_x' = \sqrt{m\,(\Delta p_x)^2} = \sqrt{m} \cdot \Delta p_x$. Es gilt also wieder $\Delta x' \cdot \Delta p_x' \sim h$.

Charakteristisch für die ganze Diskussion dieses Experiments ist wieder die gleichzeitige Benützung des Partikel- und des Wellenbildes. Hier machen wir im wesentlichen von diesem Dualismus in der Theorie der Strahlung Gebrauch, sprechen einerseits von Strahlenbündeln und den Gesetzen der Optik, andererseits von Lichtquanten und den von ihnen verursachten Rückstößen.

Eine andere einfache Ortsbestimmung läßt sich durchführen in folgender Weise:

Die Geschwindigkeit des Elektrons sei wieder völlig bekannt. Wir blenden dann einen Strahl möglicher Elektronenbahnen durch einen Schirm mit einem Spalt der Breite d aus

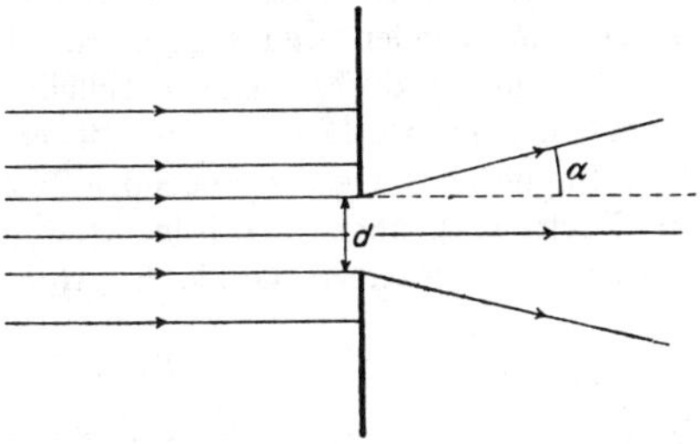

Fig. 7.

(Fig. 7). Geht das Elektron durch den Spalt, so ist offenbar sein Ort in der Richtung parallel zum Schirm mit der Genauigkeit d festgelegt. Repräsentiert man das ankommende Elektron durch eine ebene de Brogliewelle, so sieht man jedoch sofort, daß mit dem Ausblenden eines Strahles der Breite d eine Streuung verbunden ist. Der austretende Strahl hat einen endlichen Öffnungswinkel α, der nach den einfachsten Gesetzen der Optik durch

$$\sin \alpha \sim \frac{\lambda}{d} \tag{24}$$

gegeben ist ($\lambda =$ Wellenlänge der de Brogliewellen). Also ist der Impuls des Elektrons parallel zum Schirm nach Durchgang des Elektrons durch den Spalt unsicher um den Betrag

$$\Delta p = \frac{h}{\lambda} \cdot \sin \alpha\,, \tag{25}$$

da $\frac{h}{\lambda}$ der Impuls des Elektrons in der Strahlrichtung ist. Es folgt aus $\Delta q = d$:

$$\Delta p \Delta q \sim h\,.$$

In dieser Ableitung ist vom Dualismus Welle-Partikel zwar nicht in der Theorie der Strahlung, wohl aber in der Theorie der Materie Gebrauch gemacht.

Als letztes Experiment zur Ortsmessung seien die üblichen Verfahren: Szintillationsbeobachtungen, Wilsonsche Photogramme diskutiert.

Für diese Verfahren ist charakteristisch, daß als Indikator für die Anwesenheit der Partikel die durch das Teilchen verursachte Ionisierung eines Atoms benutzt wird. Offenbar ist die untere Grenze für die Genauigkeit einer solchen Ortsmessung durch die Größe Δq des zu ionisierenden Atoms gegeben. Bei der Ionisierung verändert sich der Impuls des stoßenden Teilchens. Da der Impuls des dem Atom entrissenen Elektrons meßbar ist, so gleicht die Unsicherheit jener Impulsänderung des stoßenden Teilchens dem Impulsbereich Δp des Elektrons, solange es noch im Atom gebunden war. Dieser Impulsbereich steht wieder zur Größe des Atoms in der bekannten Beziehung

$$\Delta p \Delta q \gtrsim h\,.$$

(Wie später diskutiert werden soll, gilt hier gewöhnlich $\Delta p \Delta q \sim n h$, wenn n die Quantenzahl des betreffenden stationären Zustandes bedeutet.) Also gilt auch für diesen Typus der Ortsmessung die Unbestimmtheitsrelation. Der Dualismus Welle-Partikel tritt bei dieser Ableitung nicht so unmittelbar zutage; die Ungenauigkeitsrelationen erscheinen als eine Folge der Quantenbedingungen für stationäre Zustände; aber natürlich steckt der Dualismus wieder implizite in den Quantenbedingungen.

b) Geschwindigkeits- bzw. Impulsmessung an freien Elektronen.

Die einfachste Geschwindigkeitsbestimmung, die direkt der ursprünglichen Definition des Wortes Geschwindigkeit entspricht, geschieht durch Ortsmessung zu verschiedenen Zeiten. Wählt man die zeitlichen Abstände solcher Ortsmessungen sehr groß, so kann man die Geschwindigkeit der Partikel vor der letzten Ortsmessung mit beliebiger Genauigkeit bestimmen. Die Geschwindigkeit nach der Ortsmessung, die allein physikalisch von Interesse ist, wird allerdings nicht so genau bekannt sein. Vielmehr sorgt die mit der letzten Ortsmessung verbundene Impulsänderung wieder für die Gültigkeit der Unbestimmtheitsrelationen, wie im vorhergehenden Abschnitt gezeigt wurde.

Eine andere, vielfach benutzte Methode zur Geschwindigkeitsmessung geladener Teilchen bedient sich des Dopplereffektes (Bohr l. c.). Die Anordnung sei etwa folgende:

Das Moment des Elektrons parallel zum einfallenden Licht (x-Richtung) sei exakt bekannt, seine Lage in der x-Richtung also völlig unbekannt; dagegen sei der Ort in der y-Richtung sehr genau bekannt, das Moment unbekannt. Es handelt sich also um die Bestimmung der Geschwindigkeit in der y-Richtung und es ist zu zeigen, daß während dieser Bestimmung die Ortskenntnis in der y-Richtung eben in einem solchen Maße verloren geht, daß nach dem Experimente die Unbestimmtheitsrelationen gelten. Das Streulicht werde in der y-Richtung beobachtet. (Es ist zu beachten, daß der Dopplereffekt bei dieser Anordnung dann verschwindet, wenn $p_x = p_y$, d. h. wenn das Elektron sich parallel der Gerade $x - y = 0$ bewegt.)

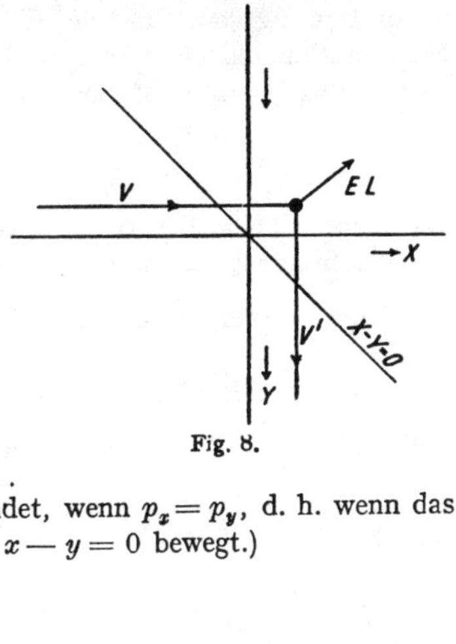

Fig. 8.

Zur Theorie des Dopplereffektes (der hier im wesentlichen identisch ist mit dem Comptoneffekt) benötigt man nur die Erhaltungssätze für Energie und Impuls, angewandt auf den Stoß von Elektron und Lichtquant; die ungestrichenen Größen bezeichnen die Werte vor dem Stoß, die gestrichenen die Werte nach dem Stoß.

$$(26)\qquad \begin{cases} h\nu + E = h\nu' + E' \\ \dfrac{h\nu}{c} + p_x = p_x' \\ p_y = \dfrac{h\nu'}{c} + p_y' \end{cases}$$

$$(27)\qquad \begin{cases} h(\nu - \nu') = E' - E = \dfrac{1}{2m}\left[p_x'^2 + p_y'^2 - p_x^2 - p_y^2\right] \\ \qquad\qquad \sim \dfrac{1}{m}\left[(p_x' - p_x)\,p_x + (p_y' - p_y)\,p_y\right] \\ \qquad\qquad = \dfrac{1}{m}\left[\dfrac{h\nu}{c}\,p_x - \dfrac{h\nu'}{c}\,p_y\right] \sim \dfrac{h\nu}{cm}(p_x - p_y)\,. \end{cases}$$

Da p_x und ν als bekannt angenommen wurden, so hängt die Genauigkeit der p_y-Bestimmung direkt mit der Genauigkeit der Frequenzmessung für ν' zusammen:

$$(28)\qquad \Delta\nu' = \frac{\nu}{mc}\cdot\Delta p_y\,.$$

Zur Messung von ν' mit der Genauigkeit $\Delta\nu'$ ist ein Wellenzug von einer bestimmten Länge erforderlich; die Zeit zur Aussendung eines solchen Wellenzuges ist nach den einfachsten Gesetzen der Optik:

$$(29)\qquad T = \frac{1}{\Delta\nu'}\,.$$

Da man nicht weiß, ob das Lichtquant am Anfang oder am Ende dieses Zeitintervalles ausgesandt wurde, so ist es unbekannt, ob sich das Elektron während der Zeit T mit der Geschwindigkeit $\frac{1}{m}p_y$ oder $\frac{1}{m}p_y'$ in der y-Richtung bewegt. Die dadurch hervorgerufene Unsicherheit des Elektronenortes am Ende des Zeitintervalles ist

$$(30)\qquad \Delta y \approx \frac{1}{m}(p_y - p_y')\,T = \frac{h\nu'}{mc}\,T.$$

Aus (28), (29) und (30) folgt

$$\Delta p_y \cdot \Delta y \sim h .$$

Eine dritte Methode zur Geschwindigkeitsmessung benützt die Ablenkung geladener Teilchen in einem magnetischen Feld. Die Anordnung sei folgende: Durch einen Spalt der Weite d werde ein Materiestrahl ausgeblendet; der Strahl tritt dann in ein homogenes Magnetfeld

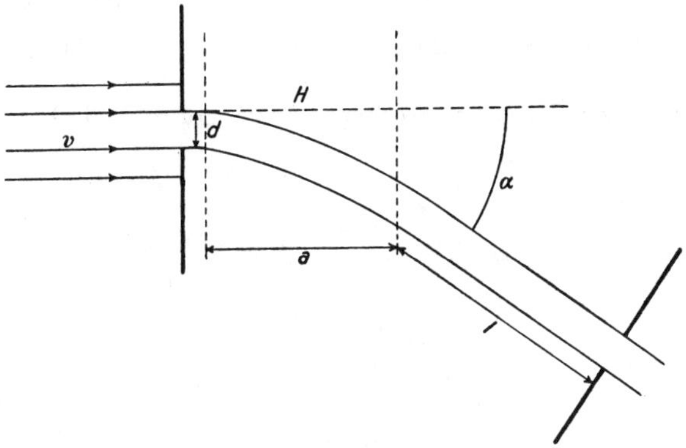

Fig. 9.

senkrecht zur Zeichenebene, läuft in diesem eine Strecke a, wird dadurch nach unten abgelenkt und tritt unter dem Winkel α zur ursprünglichen Strahlrichtung aus dem Magnetfeld aus. Nach Durchlaufen der Strecke l geht der Strahl durch einen zweiten Spalt; durch die Lage des Spaltes kann α bestimmt werden. Die Geschwindigkeit $v = \frac{p}{m}$ der Teilchen in der Strahlrichtung ist zu bestimmen aus der Gleichung:

$$\alpha = \frac{\frac{a}{v} \cdot H \cdot e \frac{v}{c}}{m v} = \frac{a H e}{m c v} \tag{31}$$

und für die entsprechenden Ungenauigkeiten gilt:

$$\Delta \alpha = \frac{a H e}{m c} \frac{\Delta v}{v^2} . \tag{32}$$

Nun sei ferner zu Anfang der Ort des Teilchens *in der Strahlrichtung* mit großer Genauigkeit bekannt; dies läßt sich etwa durch kurzes Öffnen und Schließen des Spaltes erreichen. Es ist zu zeigen, daß diese Ortskenntnis wieder während des Experiments in dem Maße verloren geht, daß nach dem Experiment $\Delta p \Delta q \gtrsim h$ gilt. Die erreichbare Genauigkeit in der Messung von α ist offenbar $\Delta \alpha \sim \frac{d}{l+a}$ ($d =$ Weite der beiden Blenden). Aber auch diese Genauigkeit kann nur dann erreicht werden, wenn die natürliche (de Brogliesche) Streuung des Strahles kleiner als $\frac{d}{l+a}$ ist. Sonst ist die Ungenauigkeit der α-Messung durch diese Streuung gegeben: $\Delta \alpha \sim \frac{\lambda}{d}$. D. h. es gelten die beiden Gleichungen:

$$\Delta \alpha \gtrsim \frac{d}{l+a} \quad \text{und} \quad \Delta \alpha \gtrsim \frac{\lambda}{d}.$$

Also

$$(\Delta \alpha)^2 \gtrsim \frac{\lambda}{l+a}. \tag{33}$$

Ferner gilt:

$$\Delta v = \frac{m c v^2}{a H e} \cdot \Delta \alpha. \tag{34}$$

Die Ungenauigkeit der Ortskenntnis nach dem Experiment ist gleich der zum Durchlaufen des Weges zwischen den beiden Blenden benötigten Zeit multipliziert mit der Unsicherheit der Geschwindigkeit:

$$\Delta q \sim \frac{l+a}{v} \Delta v. \tag{35}$$

Also nach (34) und (35)

$$\Delta v \Delta q \sim \frac{l+a}{v} \Delta v^2 \gtrsim \left(\frac{m c v^2}{a H e}\right)^2 \cdot \frac{\lambda}{v} = \frac{1}{\alpha^2} \lambda v = \frac{1}{\alpha^2} \frac{h}{m}$$

und

$$\Delta p \Delta q \gtrsim \frac{h}{\alpha^2} \gtrsim h,$$

denn die ganze Ableitung gilt nur für kleine α. Für große Werte von α ist insbesondere zu beachten, daß ja durch das Experiment zwischen

$\alpha = 0$ und $\alpha = 2\pi$ nicht mehr unterschieden werden kann, wenn $\alpha = 2\pi$ überhaupt möglich ist – es sei denn, daß man in der Versuchsanordnung Veränderungen einführt, die eine neue Diskussion des ganzen Versuchs nötig machen.

c) Gebundene Elektronen.

Wenn man nach der Ungenauigkeit von Orts- und Impulskenntnis für gebundene Elektronen fragt, so muß man zwei Probleme klar unterscheiden: Man kann erstens die Energie, d. h. den stationären Zustand des Systems als bekannt ansehen und fragen, was der Genauigkeitsgrad von Orts- und Impulskenntnis ist, der aus dieser Energiekenntnis folgt oder der noch mit ihr verträglich ist. Man kann zweitens, indem man auf die Kenntnis des stationären Zustandes verzichtet, nach der höchsten Genauigkeit für die genannten Größen fragen, die experimentell realisierbar ist – also ohne Rücksicht darauf, daß die notwendigen Messungen etwa die Kenntnis der Energie oder des stationären Zustandes unmöglich machen.

Wir beschäftigen uns zunächst mit dem *ersten* Problem und betrachten einen bestimmten stationären Zustand. Man kann dann nach Bohr aus der klassischen Theorie des Partikelbildes schließen, daß die Unbestimmtheit in Orts- und Impulskenntnis im allgemeinen größer ist als $\Delta p \Delta q \sim h$. Es handelt sich ja offenbar einfach um die Bestimmung des Orts- und Geschwindigkeits*bereiches* des Elektrons im Atom. Aus der für den n-ten Quantenzustand gültigen Beziehung

(36) $$\int p\,dq \sim nh \qquad \text{folgt}$$

(37) $$\Delta p_s \Delta q_s \sim nh.$$

Man übersieht dies am einfachsten, wenn man sich die geschlossenen Bahnkurven der klassischen Mechanik im Phasenraum aufzeichnet (Fig. 10). $\int p\,dq$ bedeutet die von der Bahn umschlossene Fläche. $\Delta p_s \Delta q_s$ ist offenbar von gleicher Größenordnung. Wir fügen hier zu den Unbestimmtheiten Δp, Δq den Index s, um explizite daran zu erinnern, daß es sich hier nicht um die höchste erreichbare Genauigkeit in der p- und q-Bestimmung handelt, sondern vielmehr um die spezielle Unbestimmtheit der p- und q-Kenntnis, die auftritt, wenn der stationäre Zustand, d. h. die Energie des Atoms genau bekannt ist. Diese Unbestimmtheit geht z. B. in die Diskussion der Szintillationsbeobachtungen (II, 2a) ein. In der klassischen Theorie würde es fremd anmuten, den Ortsbereich Δq_s als Ortsungenauigkeit zu interpretieren. In der Quantentheorie muß man jedoch daran denken, daß auch die Kenntnis der Energie einen „reinen Fall" darstellt, d. h. einen Fall, der im mathematischen Schema durch ein ganz bestimmtes Wellenpaket (nämlich die Schrödingerfunktion des betreffenden stationären Zustandes) repräsentiert wird. Führt man für dieses Wellenpaket die Rechnung von (II, 1) durch, so wird der Wert von $\Delta p_s \Delta q_s$ um so größer, je mehr Nullstellen die betreffende Eigenfunktion im Atom besitzt, je öfter also die Eigenfunktion im Bereiche des Atoms oszilliert. Betrachten wir etwa eine Eigenfunktion (Problem mit einem Freiheitsgrad), die gerade n Nullstellen (Knoten) besitzt, so ergibt die Rechnung, daß auf der rechten Seite von (37) der Faktor n auftritt.

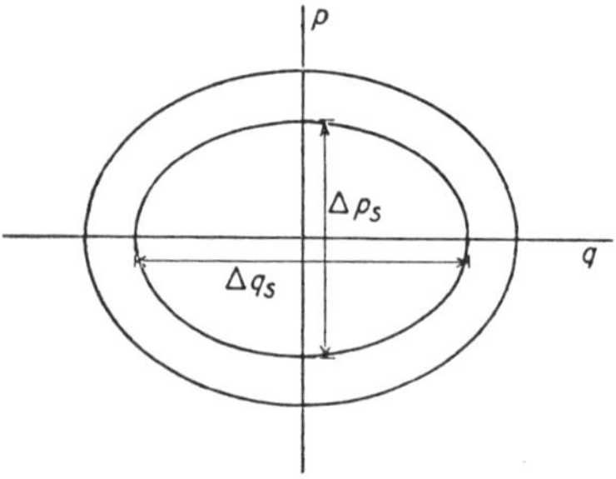

Fig. 10.

Wir besprechen nun das *zweite* der vorhin genannten Probleme. Die höchsterreichbare Genauigkeit der p- und q-Kenntnis wird offenbar durch $\Delta p \cdot \Delta q \sim h$ gegeben sein, wenn man auf die Kenntnis des stationären Zustandes verzichtet. Denn man wird stets die Orts- und Impulsmessung mit so kräftigen Mitteln durchführen können, daß das Elektron dabei praktisch als frei angesehen werden kann. Der Impuls eines Elektrons im Atomverband z. B. kann am einfachsten so gemessen werden, daß man in einem bestimmten Zeitmoment die Wechselwirkung des Elektrons mit dem Kern und den übrigen Elektronen ausschaltet. Das Elektron führt dann eine Trägheitsbewegung aus und sein Impuls kann in bekannter Weise gemessen werden. Der Eingriff, der zur Messung notwendig ist, ist in diesem Falle offenbar von derselben Größenordnung wie die Bindung, welche das Elektron im Atom festhält.

Die Beziehung (37) ist, wie Bohr[7]) betont, wichtig für den Übergang von der Quantenmechanik zur klassischen Mechanik im Grenzfall großer Quantenzahlen. Wir fragen nach der Möglichkeit des Bahnbegriffes in der Quantenmechanik. Da die bestmögliche Ort- und Impulskenntnis der Relation $\Delta p \Delta q \sim h$ genügt, ist sie durch ein Wahrscheinlichkeitspaket (M. § 2) der Fläche $\sim h$ im p-, q-Raum zu repräsentieren ($|S(p')|^2 \cdot |S(q')|^2$). Ein solches Paket kann im Phasenraum ungefähr geschlossene Bahnen beschreiben, die gut definiert sind, *dann*, wenn die von der Bahn umschlossene Fläche viel größer ist als die Fläche $\sim h$ des Pakets; also nach (36), (37) im Grenzfall hoher Quantenzahlen n. Für kleine Quantenzahlen muß jedoch offenbar der Bahnbegriff sowohl im Phasenraum, wie im richtigen Raum seinen Sinn verlieren. Es ist daher entscheidend für die Möglichkeit des Bahnbegriffes im Limes hoher Quantenzahlen, daß auf der rechten Seite von (36) und (37) der Faktor n steht.

Das Versagen des Bahnbegriffes im Gebiet kleiner Quantenzahlen kann man sich direkt physikalisch folgendermaßen klarmachen: Unter Bahn verstehen wir die zeitliche Folge von Raumpunkten, an denen das Elektron während seiner Bewegung angetroffen wird. Da die Dimensionen eines Atoms im untersten Quantenzustand von der Größenordnung 10^{-8} cm sind, so wird man zur Bahnbestimmung des Elektrons Ortsmessungen einer Genauigkeit von mindestens ca. 10^{-9} cm verwenden müssen. Man wird das Atom also z. B. mit Licht der Wellenlänge $\lambda \sim 10^{-9}$ cm bestrahlen. Von solchem Licht genügt jedoch ein einziges Lichtquant, um das Elektron durch Compton-Rückstoß aus dem Atom zu entfernen. Von der Bahn ist also nur ein einziger Punkt beobachtbar. Man kann jedoch diese Ortsmessung an vielen Atomen wiederholen und erhält dann eine Wahrscheinlichkeitsverteilung des Elektrons im Atom, die nach Born[14]) durch $\psi^* \psi$ (bzw., wenn mehrere Elektronen im Atom umlaufen, durch den Mittelwert von $\psi^* \psi$ über die Koordinaten der anderen Elektronen) gegeben ist (ψ bedeutet die Schrödingersche Funktion, vgl. M 170). Dies ist der physikalische Sinn der Aussage, daß $\psi^* \psi$ die Wahrscheinlichkeit dafür angibt, das Elektron an einem bestimmten Ort anzutreffen. Das Resultat ist aber merkwürdiger, als es im ersten Augenblick den Anschein hat. Bekanntlich nimmt $\psi^* \psi$ exponentiell mit wachsendem Abstand vom Atomkern ab. Also besteht immerhin noch eine endliche Wahrscheinlichkeit dafür, das Elektron in sehr weitem Abstand vom Atomkern zu finden. Die potentielle Energie des Elektrons ist dort zwar negativ, aber sehr klein; die kinetische Energie ist stets positiv, die durch Addieren berechnete Gesamtenergie ist also offenbar *größer*, als die stets um einen endlichen Betrag negative Gesamtenergie des stationären Zustandes. Dieses Paradoxon findet seine Auflösung in folgender Überlegung: Es sieht zwar zunächst so aus, als ob hier eine Verletzung des Energiesatzes vorläge. Diese Verletzung ist aber nur scheinbar, denn bei der Energiebilanz muß man auch das zur Ortsmessung verwendete Lichtquant und die von ihm beim Comptonrückstoß übertragene Energie in Rechnung setzen. Diese Energie ist erheblich größer, als die Ionisierungsarbeit des Elektrons und sorgt für die Gültigkeit des Erhaltungssatzes, wie man in der Theorie des Comptoneffektes ausführlich nachrechnet.

Dieses Paradoxon kann nach Bohr zugleich als eine lehrreiche Warnung gegen allzu schematische Anwendung der „statistischen Deutung der Quantenmechanik" dienen: Wegen des exponentiellen Verhaltens der Schrödingerfunktion wird man, wie besprochen, auch in weitem Abstand vom Atomkern noch manchmal Elektronen finden. Man könnte meinen, daß zu deren Nachweis auch Ortsmessung mit *rotem* Licht völlig ausreichend wäre. Für dieses rote Licht würde kein merklicher Comptonrückstoß auftreten, also das oben genannte Paradoxon in aller Schärfe bestehen bleiben. In Wirklichkeit erlaubt das rote Licht durchaus *keine* Ortsmessung der weitentfernten Elektronen, vielmehr reagiert das ganze Atom auf rotes Licht nach den Formeln der gewöhnlichen Dispersionstheorie. Man kann sich dies plausibel machen, wenn man sich daran erinnert, daß (im klassischen Partikelbild) das Elektron eine Reihe von Umläufen während einer Periode des roten Lichtes ausführt. Die statistischen Aussagen der Quantentheorie haben also ihren Sinn nur im Zusammenhang mit Experimenten, die wirklich eine Beobachtung der in der Statistik behandelten Phänomene gestatten.

Der Bahnbegriff erhält seinen Sinn erst für hochangeregte Zustände des Atoms. Die Ortsmessung muß auch hier wieder mit einer derartigen Genauigkeit erfolgen, daß der mittlere Fehler klein gegen die Atomdimensionen ist. Daraus folgt aber hier nicht, daß das Elektron durch Comptonrückstoß aus dem Atom geschleudert wird. Vielmehr kann wegen (37) für große Werte von n der Rückstoß klein gegen den Impulsbereich des Elektrons im stationären Zustand sein. Wir rechnen dies kurz nach:

Es muß gelten:

$$\lambda \ll \Delta q_s; \quad \text{also nach (37)} \quad \frac{h}{\lambda} \gg \frac{\Delta p_s}{n}.$$

Die beim Comptonrückstoß übertragene Energie ist also von der Ordnung

$$\frac{h}{\lambda} \cdot \frac{\Delta p_s}{\mu} \gg \frac{\Delta p_s^2}{n \mu} \sim \frac{|E|}{n}.$$

(E bedeutet die Energie des Atoms, μ die Elektronenmasse); diese übertragene Energie kann daher bei großen Werten von n klein gegen $|E|$ sein. Dagegen ist sie stets groß gegen den energetischen Abstand benachbarter Niveaus, der im allgemeinen von der Ordnung $\frac{|E|}{n}$ ist.

Übrigens folgt aus $\frac{h}{\lambda}\frac{\Delta p_s}{\mu} \gg \frac{|E|}{n}$ auch sofort, daß $h\nu \gg \frac{|E|}{n}$, daß also die Frequenz des zur Ortsmessung verwendeten Lichtes groß ist gegen die Umlaufsfrequenz des Elektrons im Atom.

Der Comptonrückstoß hat jedoch zur Folge, daß das Atom vom stationären Zustand sagen wir $n = 1000$ in irgendeinen Zustand zwischen etwa $n = 950$ und $n = 1050$ geworfen wird, wobei wegen der in (II, 1) diskutierten Unbestimmtheit des Rückstoßes der stationäre Zustand, in welchen das Atom übergeht, innerhalb eines gewissen Bereiches prinzipiell unbestimmt bleibt. Das Resultat der Ortsmessung kann also im mathematischen Schema der Quantentheorie durch ein Wahrscheinlichkeitspaket im Konfigurationsraum repräsentiert werden, das im wesentlichen aus Eigenfunktionen der Zustände zwischen $n = 950$ und $n = 1050$ zusammensetzbar ist und dessen Größe durch die Genauigkeit der Ortsmessung gegeben wird. Dieses Paket beschreibt eine Bahn ähnlich der Bahn einer Partikel in der klassischen Theorie und breitet sich im allgemeinen gleichzeitig aus. Das Resultat einer künftigen Ortsmessung kann also im allgemeinen nur statistisch vorhergesagt werden. Mit jeder neuen Messung ändert sich die mathematische Darstellung des physikalischen Vorganges unstetig, die Beobachtung wählt aus einer Fülle von Möglichkeiten eine bestimmte als geschehen aus, an Stelle des ausgebreiteten Wahrscheinlichkeitspakets tritt wieder ein kleineres, welches das Resultat der Beobachtung repräsentiert. Da sich mit jeder Beobachtung unsere Kenntnis des Systems unstetig ändert, so ändert sich ganz natürlicherweise auch ihre mathematische Darstellung unstetig wie in der klassischen Statistik. Man kann diesen Sachverhalt auch durch die Behauptung ausdrücken, daß die Größe des Elektrons von dem zu seiner Ortsmessung verwendeten Experiment abhängt. Die Bewegung und Ausbreitung von Wahrscheinlichkeitspaketen ist in der Literatur mehrfach eingehend studiert worden[10]), auf die mathematische Durchführung soll daher hier verzichtet werden. Nur eine einfache Betrachtung von Ehrenfest[11]) wollen wir anführen. Man untersuche die Bewegung eines einzelnen Elektrons in einem Kraftfeld, das zum Potential $V(q)$ gehört. Die Schrödingergleichung des Problems lautet:

$$-\frac{h^2}{8\pi^2\mu}\cdot\Delta\psi + eV\psi = -\frac{h}{2\pi i}\frac{\partial\psi}{\partial t}.$$

Der mittlere Wert von q ist durch $\bar{q} = \int q\psi^*\psi\,dv$ gegeben ($dv = dx\,dy\,dz$), wenn q irgendeine der rechtwinkligen Elektronenkoordinaten darstellt. Differentiation nach der Zeit gibt:

$$\mu \dot{\bar{q}} = \mu \int q \left(\frac{\partial \psi^*}{\partial t} \psi + \psi^* \frac{\partial \psi}{\partial t} \right) d v$$

und durch partielle Integration:

$$\mu \dot{\bar{q}} = \mu \frac{h}{4 \pi} \int \left(\psi^* \frac{\partial \psi}{\partial q} - \psi \frac{\partial \psi^*}{\partial q} \right) d v \, .$$

In ähnlicher Weise erhält man durch nochmaliges Differenzieren nach t:

$$\mu \ddot{\bar{q}} = - e \int \frac{\partial V}{\partial q} \psi^* \psi \, d v \, .$$

Wenn $\psi^* \psi$ ein Wahrscheinlichkeitspaket darstellt, dessen Ausdehnung klein ist gegen die Abstände, in denen sich V merklich ändert, so kann man schreiben:

$$\mu \ddot{\bar{q}} = - e \frac{\partial V(\bar{q})}{\partial \bar{q}} \, .$$

Diese Gleichung zeigt, daß das Wahrscheinlichkeitspaket angenähert eine klassische Bahn beschreibt.

Ferner möge an dieser Stelle eine Bemerkung über die Geschwindigkeit der Zerstreuung von Wellenpaketen Platz finden. Wenn die klassische Bewegung des Systems periodisch verläuft, so kann es vorkommen, daß auch die Größe des Wellenpakets sich zunächst nur periodisch ändert. Über die maximale Anzahl von Umläufen, die das Paket ausführen kann bis zur völligen Zerstreuung über den Atombereich, kann man sich in folgender Weise einen qualitativen Überblick verschaffen: Würde das Wellenpaket gar keine Zerstreuung erleiden, so wäre eine Fourieranalyse der Ladungsverteilung möglich, in der nur ganzzahlige Vielfache einer Grundfrequenz vorkommen. Tatsächlich entsprechen aber in der Quantentheorie den Oberschwingungen nicht genau ganzzahlige Vielfache der Grundschwingung. Die Zeit, in der die quantentheoretische Frequenz völlig phasenverschoben wird gegen die klassische Oberschwingung, wird qualitativ mit der Zeit bis zur völligen Ausbreitung des Wellenpakets übereinstimmen. Sei J die klassisch gerechnete Wirkungsvariable des Systems, so wird diese Zeit

$$t = \frac{1}{h \dfrac{\partial \nu}{\partial J}}$$

und die Anzahl der Umläufe bis zur Zerstreuung:

$$N \sim \frac{\nu}{h \dfrac{\partial \nu}{\partial J}} \, . \tag{38}$$

Im Spezialfall des harmonischen Oszillators wird N unendlich groß; das Wellenpaket bleibt dauernd beisammen. Im allgemeinen wird N jedoch nach (38) von der Größenordnung der Quantenzahl n sein. Für hohe Werte von n hat der Bahnbegriff also auch in der Quantentheorie seine Berechtigung.

Im Zusammenhang mit diesen Betrachtungen soll hier auf ein Gedankenexperiment hingewiesen werden, welches von Einstein herrührt. Wir denken uns ein einzelnes Lichtquant, welches durch ein aus Maxwellschen Wellen aufgebautes Wellenpaket repräsentiert sei*), dem somit ein gewisser Raumbereich und damit im Sinne der Unbestimmtheitsrelationen auch ein bestimmter Frequenzbereich zugeordnet sei. Durch Spiegelung an einer halbdurchlässigen Platte können wir nun offenbar leicht dieses Wellenpaket in zwei Teile zerlegen, in einen reflektierten und einen durchgegangenen Teil. Es besteht dann eine bestimmte Wahrscheinlichkeit, das Lichtquant *entweder* in dem einen, *oder* in dem anderen Teil des Wellenpakets zu finden. Nach hinreichend langer Zeit werden die beiden Teile beliebig weit voneinander entfernt sein. Wird nun durch ein Experiment festgestellt, daß sich das Lichtquant etwa in dem reflektierten Teil des Wellenpakets befindet, so ergibt sich damit gleichzeitig, daß die Wahrscheinlichkeit, das Lichtquant im anderen Teil zu finden, Null wird. Durch das Experiment am Orte der reflektierten Hälfte des Pakets wird somit eine Art von Wirkung (Reduktion der Wellenpakete!) auf die beliebig weit entfernte Stelle der anderen Hälfte ausgeübt und man erkennt leicht, daß sich diese Wirkung mit Überlichtgeschwindigkeit ausbreitet. Gleichzeitig erkennt man aber natürlich auch, daß eine derartige Wirkungsausbreitung niemals dazu benutzt werden kann, um etwa Signale mit Überlichtgeschwindigkeit zu befördern, so daß das hier besprochene Verhalten des Wellenpakets keineswegs im Widerspruch zu den Grundpostulaten der Relativitätstheorie steht.

d) Energiemessungen.

Die Energiebestimmung für freie Elektronen ist identisch mit der Messung der Geschwindigkeit der Partikeln, eine erneute Diskussion der verschiedenen schon besprochenen Meßmethoden ist also überflüssig.

---

*) Für ein *einzelnes* Lichtquant hat der Koordinatenraum wieder nur drei Dimensionen, als Schrödingergleichung des einzelnen Lichtquants können also die Maxwell-Gleichungen betrachtet werden.

Eine andere bisher noch nicht erörterte Methode zur Energiemessung freier Elektronen besteht darin, daß man die Elektronen gegen eine bekannte Potentialschwelle laufen läßt; wenn die Elektronen die Potentialschwelle überschreiten, so nimmt man nach der klassischen Theorie gewöhnlich an, daß ihre Energie größer war, als die dem höchsten Punkt der Potentialschwelle entsprechende Energie; werden sie reflektiert, so schließt man, daß die Elektronenenergie kleiner war als jener kritische Wert. Diese Schlußweise ist in der Quantentheorie zweifellos inkorrekt, deshalb sei dieser Punkt hier kurz diskutiert. Wenn die Elektronenenergie kleiner ist, als der kritische Wert des Potentials, so kann immer noch eine merkliche Menge Elektronen die Potentialschwelle durchqueren, wenn die Breite der Schwelle nicht viel größer ist als die Wellenlänge der zum Elektron gehörigen de Brogliewellen. Die Anzahl der durchgehenden Elektronen nimmt exponentiell mit zunehmender Breite und Höhe der Schwelle ab*). Umgekehrt: wenn die Elektronenenergie zum Überschreiten der Schwelle ausreichen würde, so wird immer noch ein erheblicher Bruchteil von Elektronen an der Schwelle reflektiert dann, wenn der Anstieg des Potentials auf einer Strecke erfolgt, die nicht viel größer ist, als die de Brogliesche Wellenlänge des Elektrons. Für die praktisch durchführbaren Experimente vollziehen sich freilich die Änderungen des Potentials stets auf Strecken, die groß sind im Vergleich zur Elektronenwellenlänge, also darf man praktisch in den meisten Fällen mit der klassischen Theorie rechnen. Als Beispiel für die mathematische Behandlung des eben geschilderten Sachverhaltes sei die Reflexion von Elektronen an einer plötzlich ansteigenden Potentialwand diskutiert:

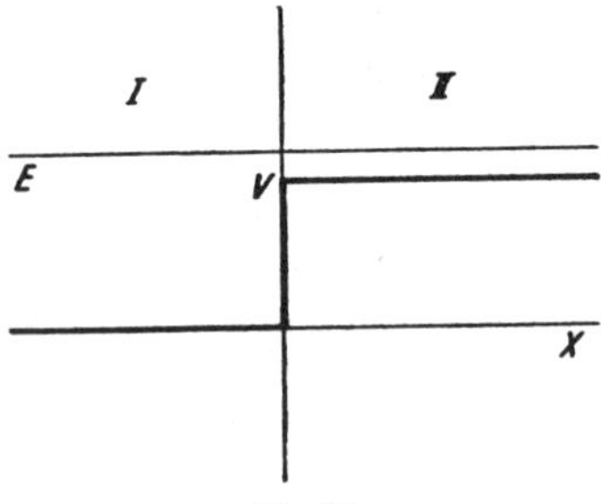

Fig. 11.

Wir benutzen die Schrödingergleichung des Einelektronenproblems (M. § 2 u. 3). Für die einfallende ψ-Welle gilt (in I):

*) Diese Tatsache ist vollkommen der aus der Optik bekannten und experimentell nachgewiesenen Erscheinung analog, daß bei Totalreflexion eines Lichtstrahls an einer Metallfolie ein geringer Bruchteil des Lichts die Folie durchsetzt. Dieser Bruchteil wird erst dann merklich, wenn die Dicke der Folie von der Größenordnung der verwendeten Lichtwellenlänge wird.

(39)
$$\begin{cases} \psi = a\, e^{\frac{2\pi i}{h}(p_x x - E t)}; \quad \frac{1}{2\mu} p_x^2 = E. \quad p_x \geq 0. \\ \text{Für die durchgehende Welle in II gilt} \\ \psi = a'\, e^{\frac{2\pi i}{h}(p'_x x - E t)}; \quad \frac{1}{2\mu} p_x'^2 = E - V. \quad p'_x \geq 0. \\ \text{für die reflektierte Welle in I} \\ \psi = a''\, e^{\frac{2\pi i}{h}(-p_x x - E t)} \end{cases}$$

Wenn p'_x imaginär wird, so findet Totalreflektion statt und es ist p'_x positiv imaginär zu nehmen. An der Grenzfläche $x = 0$ sollen ψ und ψ' stetig bleiben. Also folgt:

(40)
$$\begin{cases} a + a'' = a' \\ (a - a'')\, p_x = a'\, p'_x . \end{cases}$$

Also

(41)
$$a'' = -a \frac{1 - \frac{p_x}{p'_x}}{1 + \frac{p_x}{p'_x}} = a \frac{p_x - p'_x}{p_x + p'_x}$$

$$a' = a \frac{2}{1 + \frac{p'_x}{p_x}} = a \frac{2 p_x}{p_x + p'_x} .$$

Die Anzahl der Elektronen, die pro Zeiteinheit durch einen gewissen Querschnitt gehen, ist (bis auf einen Proportionalitätsfaktor) gegeben durch das Quadrat des absoluten Betrages der Amplitude, multipliziert mit dem Impuls, also gilt für den einfallenden, durchgehenden und reflektierten Strahl (für reelle p'_x):

(42) $$J = |a|^2 p_x; \quad J' = |a|^2 \left| \frac{2 p_x}{p_x + p'_x} \right|^2 p'_x; \quad J'' = -|a|^2 \left| \frac{p_x - p'_x}{p_x + p'_x} \right|^2 p_x .$$

Für imaginäre Werte von p'_x wird $J' = 0$ und $J'' = -J$. Allgemein gilt natürlich

(43) $$J = J' - J''.$$

Die relative Wahrscheinlichkeit für Reflexion oder Durchgang eines Elektrons wird nach (42):

$$
\begin{aligned}
W'' &= \left|\frac{p_x - p_x'}{p_x + p_x'}\right|^2 = \left|\frac{\sqrt{E} - \sqrt{E-V}}{\sqrt{E} + \sqrt{E-V}}\right|^2 \\
W' &= \left|\frac{2\,p_x}{p_x + p_x'}\right|^2 \frac{p_x'}{p_x} = \sqrt{\frac{E-V}{E}}\left|\frac{2\sqrt{E}}{\sqrt{E}+\sqrt{E-V}}\right|^2 .
\end{aligned}
\tag{44}
$$

Fig. 12 stellt die Reflexionswahrscheinlichkeit W'' als Funktion der Energie dar. Die Kurve der klassischen Theorie ist in der Figur punktiert gezeichnet.

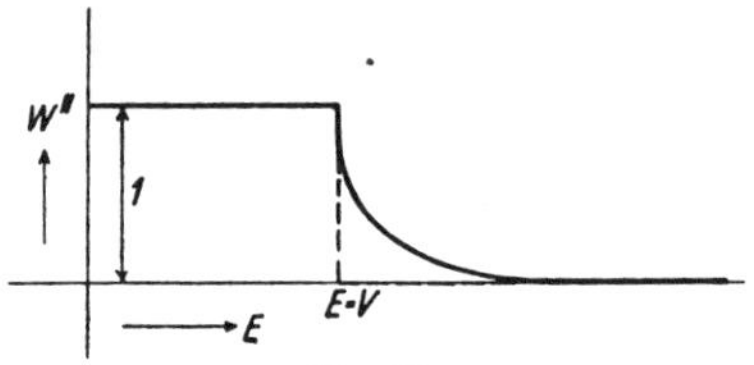

Fig. 12.

Für die physikalischen Prinzipien der Quantentheorie wichtiger als die Energiemessung freier Elektronen ist eine eingehende Diskussion

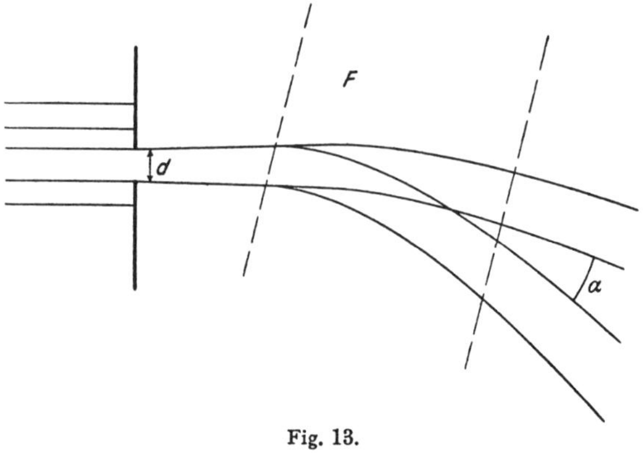

Fig. 13.

der Energiemessung der Atome, also der Experimente, die zu bestimmen gestatten, in welchem stationären Zustand das Atom angetroffen wird.

Aus der mathematischen Behandlung der Atombewegungen im Konfigurationsraum folgt, daß die Phasen der Elektronenbewegung oder der mit dieser Bewegung verknüpften Strahlung prinzipiell unbekannt sein müssen, wenn der stationäre Zustand des Atoms genau bekannt ist. Um diese Behauptung zu erläutern, sei an einem bekannten Experiment gezeigt, daß bei einer Trennung der Atome verschiedener stationärer Zustände, sagen wir der Zustände n und m, stets die Kenntnis der Phase verloren geht, die mit der dem Übergang $n \longleftrightarrow m$ entsprechenden Strahlung verknüpft ist.

Es werde ein Stern-Gerlachscher Atomstrahl der Breite d hergestellt, der durch ein inhomogenes Feld F (dieses braucht nicht notwendig ein Magnetfeld zu sein) geschickt wird (Fig. 13).

Die Wechselwirkungsenergie der Atome mit F sei $E(F)$, die ablenkende Kraft des Feldes in der x-Richtung (diese sei senkrecht zur Strahlrichtung angenommen) ist also

$$\frac{\partial E(F)}{\partial x} = \frac{dE}{dF}\frac{\partial F}{\partial x}.$$

Sei T die Zeit, in der die Atome im Felde F laufen, p der Impuls der Atome in der Strahlrichtung, so wird die Ablenkung der Atome des Zustandes n:

$$\frac{\frac{\partial E_n(F)}{\partial x} \cdot T}{p}, \tag{45}$$

also wird die Winkeldifferenz α der Strahlen der Atome in Zustand n und m:

$$\alpha = \frac{\frac{\partial E_n(x)}{\partial x} \cdot T - \frac{\partial E_m(x)}{\partial x} \cdot T}{p} \tag{46}$$

Dieser Winkel α muß größer sein als die natürliche Streuung des Atomstrahls, um eine Trennung der Atomsorten zu ermöglichen, also

$$\alpha \gtrsim \frac{\lambda}{d} = \frac{h}{d\,p}. \tag{47}$$

Die Schrödingerfunktion des Zustandes n enthält den periodischen Faktor $e^{\frac{2\pi i}{h}E_n t}$. Im Felde ändert sich E und damit Frequenz und

Phase der Welle. Diese Änderung ist um einen gewissen Betrag unbestimmt, da es prinzipiell unbeobachtbar bleibt, wo innerhalb des Atomstrahls das Atom sich bewegt. Die gesamte Unsicherheit $\varDelta\varphi$ der Phasenänderung der zur Kombinationsschwingung $e^{\frac{2\pi i}{h}(E_n - E_m)t}$ gehörigen Strahlung wird daher

$$\varDelta\varphi \sim \frac{d\left(\frac{\partial E_n(F)}{\partial x} - \frac{\partial E_m(F)}{\partial x}\right)T}{h} 2\pi$$

und aus (46) und (47) folgt sofort

$$\varDelta\varphi \gtrsim 2\pi; \tag{48}$$

dies bedeutet völlige Unbestimmtheit der Phasen.

Etwas anschaulicher wird diese Reohnung, wenn man sich auf ein inhomogenes Magnetfeld spezialisiert und das Larmorsche Theorem anwendet. Wenn man vom Elektronenspin absieht, so vollführt bekanntlich das ganze Atom eine Präzession um die Achse des Magnetfeldes H mit der Winkelgeschwindigkeit

$$\omega = \frac{e}{2\mu c} \cdot H.$$

Diese Präzessionsgeschwindigkeit ist wegen der Breite des Strahles verschieden für die verschiedenen Atome innerhalb des Strahles. Hierdurch werden die Phasenbeziehungen zwischen den von den Atomen ausgesandten Kugelwellen gestört. Die Unbestimmtheit der Larmorpräzession ist

$$\varDelta\omega \sim \frac{e}{2\mu c}\frac{\partial H}{\partial x} d;$$

die Winkeldifferenz der abgelenkten Atomstrahlen für die Zustände mit den magnetischen Quantenzahlen m und $m+1$ beträgt:

$$\alpha = \frac{\frac{e}{2\mu c}\frac{\partial H}{\partial x}\frac{h}{2\pi} \cdot T}{p};$$

aus $\alpha \gtrsim \frac{\lambda}{d} = \frac{h}{d\,p}$ folgt

$$\varDelta\omega \cdot T \gtrsim 2\pi.$$

Alle Phasenbeziehungen zwischen den Atomen werden also völlig verwischt.

Von Bohr[7]) ist das folgende Gedankenexperiment diskutiert worden: Die Atome des Stern-Gerlachschen Strahles, die etwa ursprünglich im Normalzustand waren, sollen durch Bestrahlung mit Licht der Resonanzfrequenz zur Fluoreszenzstrahlung angeregt werden, bevor sie in das inhomogene Magnetfeld eintreten. Sie strahlen dann kohärentes Resonanzlicht aus; die Kohärenzeigenschaften dieses Lichtes können geometrisch durch Kugelwellen geringer Amplitude wiedergegeben werden, die von *jedem* Atom in bestimmter (für jedes Atom gleicher) Phasendifferenz relativ zur Phase des einfallenden Lichtes ausgesandt werden. Hierbei ist es offenbar prinzipiell unbestimmt, ob ein gegebenes Atom im unteren oder oberen Zustand schwingt. Treten die Atome nun durch das inhomogene Magnetfeld, so werden sie zur Angabe ihres stationären Zustandes gezwungen. Da nach dem Durchgang durch das Magnetfeld sicher nur die relativ wenigen Atome im oberen Zustand strahlen, so ist hier die Strahlung in ihren Kohärenzeigenschaften als Summe weniger Kugelwellen mit großer Amplitude darstellbar, verhält sich also jedenfalls praktisch wie Strahlung von völlig unabhängigen Zentren, zwischen denen keine Phasenbeziehungen bestehen. Wenn die Phasen der vom Atom ausgesandten Strahlung vom Magnetfeld nicht beeinflußt würden, so ergäbe sich also ein Widerspruch. Gleichung (48) zeigt jedoch, daß die Zerstörung der Phasenbeziehungen eine notwendige Folge der Energiemessung ist. Gleichung (48) gibt also wieder ein Beispiel dafür, wie die Messung einer quantentheoretischen Größe (in diesem Falle: der Energie) die Kenntnis anderer Größen notwendig zerstört; aus der Diskussion des Bohrschen Gedankenexperiments ist ferner zu sehen, daß diese Störung wesentlich ist für die widerspruchsfreie Durchführung der Theorie.

III. Kritik der physikalischen Begriffe des Wellenbildes.

Im vorhergehenden Abschnitt wurden die einfachsten, experimentell wohl begründeten Grundtatsachen des Wellenbildes ohne Kritik als „richtig“ vorausgesetzt. Sie wurden zum Ausgangspunkt gewählt für die Kritik der Partikelvorstellung und es stellte sich heraus, daß diese nur innerhalb gewisser Grenzen angewendet werden darf; die Grenzen wurden bestimmt. In diesem Abschnitt soll umgekehrt das Korpuskularbild den Ausgangspunkt für die Kritik der Wellenvorstellung bilden. Auch die Wellenvorstellung ist nur innerhalb gewisser Grenzen brauchbar, die festzulegen sind. Ebenso, wie im Fall der Partikelvorstellung hat man historisch zuerst, ohne an diese Grenzen zu denken, *dreidimensionale*, anschauliche Wellentheorien konstruiert (Maxwellsche und de Brogliesche Wellen). Für diese Theorien werden wir die Bezeichnung „klassische Wellentheorien“ verwenden. Sie verhalten sich zur Quantentheorie der Wellen, wie die klassische Mechanik zur Quantenmechanik. Das mathematische Schema der klassischen und der Quantentheorie der Wellen findet sich in M. (Der Leser sei gleich hier davor gewarnt, die klassische Wellentheorie der Materie mit der Schrödingerschen Theorie der Phasenraumwellen zu verwechseln.) Wenn nach der Kritik des klassischen Partikelbildes auch die Kritik der klassischen Wellenvorstellung durchgeführt ist, so verschwinden alle Widersprüche zwischen Wellen- und Korpuskularbild, sofern man stets die Gültigkeitsgrenzen der beiden Bilder beachtet.

1. Die Unbestimmtheitsrelationen im Wellenbild.

Die Begriffe: Wellenamplitude, elektrische und magnetische Feldstärke, Energiedichte usw. gehen ursprünglich zurück auf primitive Erfahrungen des täglichen Lebens, etwa bei der Beobachtung der Bewegung des Wassers, oder der Schwingungen elastischer Körper. Auch auf das Licht, und wie wir neuerdings wissen, auch auf die Materiestrahlen lassen sich diese Begriffe weitgehend anwenden. Da wir aber gleichzeitig wissen, daß auch die Begriffe der Partikeltheorie für Strahlung und Materie anwendbar sind, so folgt, daß für den Gebrauch der Begriffe des Wellenbildes Schranken gesetzt sind, wie bereits mehrfach erwähnt wurde, und diese Schranken sollen jetzt aus der Partikelvorstellung hergeleitet werden; dabei beschäftigen wir uns zunächst mit der Theorie der Strahlung.

Bevor wir zum eigentlichen Gegenstand übergehen, muß jedoch kurz diskutiert werden, was wir überhaupt unter einer genauen Kenntnis einer Wellenamplitude, z. B. der elektrischen oder magnetischen Feldstärke verstehen. Die genaue Kenntnis der Amplituden an jedem Punkt (im exakt mathematischen Sinn) eines Raumgebietes ist offenbar eine Abstraktion, die nie verwirklicht werden kann. Denn jede Messung wird nur Mittelwerte der Amplitude in eventuell sehr kleinen Raumstücken und Mittelwerte über eventuell sehr kleine Zeiten liefern. Nun ist es zwar vielleicht im Prinzip möglich, durch immer weiter verfeinerte Meßinstrumente diese kleinen Raumstücke und Zeitintervalle immer weiter zu verkleinern, für die physikalische Diskussion der Begriffe des Wellenbildes ist es aber zweckmäßig, zunächst die für die betrachteten Messungen gegebene untere Grenze der Raum- und Zeitintervalle explizite einzuführen und nachträglich eventuell zum Limes Null dieser Intervalle überzugehen. Dies ist ja auch genau das Verfahren, das in der Quantentheorie der Wellen eingeschlagen wird (vgl. M. § 9). Vielleicht wird die Entwicklung der Quantentheorie später zeigen, daß auch dieser Limes Null der genannten Intervalle eine physikalisch sinnlose Abstraktion darstellt; einstweilen jedoch besteht noch kein Grund, hier Schranken zu setzen. — Wir nehmen also zur Präzisierung der Gedanken an, daß unsere Messungen stets Mittelwerte über sehr kleine Raumstücke des Volumens $\delta v = (\delta l)^3$ liefern; δl hängt von der Art der angestellten Messungen ab, eine prinzipielle untere Schranke für δl besteht nicht. Da es sich um Messungen der elektrischen oder magnetischen Feldstärke handelt, so wird also Licht, dessen Wellenlänge λ wesentlich kleiner ist als δl, durch diese Messungen nicht mehr nachweisbar sein. Die Messung liefert also etwa die Werte $\mathfrak{E}$, $\mathfrak{H}$ für die (über δv gemittelten) Feldstärken. Wären diese Werte $\mathfrak{E}$, $\mathfrak{H}$ *genau* bekannt, so ließe sich ein Widerspruch zum Partikelbild herleiten. Denn der Energie- und Impulsinhalt des kleinen Volumens δv ergäbe sich zu

$$(49) \qquad E = \delta v \frac{1}{8\pi} (\mathfrak{E}^2 + \mathfrak{H}^2); \qquad \mathfrak{G} = \delta v \frac{1}{4\pi c} [\mathfrak{E}\,\mathfrak{H}].$$

Die rechten Seiten wären bei hinreichend kleinen Werten von δv hinreichend klein, während wir doch vom Partikelbild her wissen, daß der Energie- bzw. Impulsinhalt E des kleinen Volumens stets aus diskreten endlichen Stücken $h\nu$ bzw. $\frac{h\nu}{c}$ zusammengesetzt ist. Da für die höchste Frequenz, die noch nachweisbar ist, $h\nu \lesssim \frac{hc}{\delta l}$ $(\lambda \gtrsim \delta l)$ gilt, so müßten die rechten Seiten von (49) eben um Beträge der Ordnung dieser Lichtquanten $\left(h\nu \text{ bzw. } \frac{h\nu}{c}\right)$ *unbestimmt* sein, um nicht mit dem Partikelbild in Widerspruch zu geraten. Zwischen den Komponenten von $\mathfrak{E}$ und $\mathfrak{H}$ müssen also Unbestimmtheitsrelationen bestehen, aus denen eine Unsicherheit des aus (49) berechneten Wertes von E der Größenordnung $\frac{hc}{\delta l}$ und von $\mathfrak{G}$ der Ordnung $\frac{h}{\delta l}$ resultiert. Seien $\Delta\,\mathfrak{E}$, $\Delta\,\mathfrak{H}$ die Unbestimmtheiten in $\mathfrak{E}$ und $\mathfrak{H}$, dann wird die Unsicherheit in E und $\mathfrak{G}$:

$$\Delta E = \frac{\delta v}{8\pi}\left\{2|\mathfrak{E}\,\Delta\,\mathfrak{E}| + 2|\mathfrak{H}\,\Delta\,\mathfrak{H}| + (\Delta\,\mathfrak{E})^2 + (\Delta\,\mathfrak{H})^2\right\}$$

$$\Delta\,\mathfrak{G}_x = \frac{\delta v}{4\pi c}\left\{|[\mathfrak{E}\,\Delta\,\mathfrak{H}]_x| + |[\Delta\,\mathfrak{E}\,\mathfrak{H}]_x| + |[\Delta\,\mathfrak{E}\,\Delta\,\mathfrak{H}]_x|\right\}$$

und zyklisch für y und z-Richtung.

Da die wahrscheinlichsten Werte für $\mathfrak{E}$ und $\mathfrak{H}$ eventuell verschwinden, so müssen die Glieder der rechten Seiten, die nur $\Delta\,\mathfrak{E}$ und $\Delta\,\mathfrak{H}$ enthalten, allein schon ausreichen, um die nötige Unbestimmtheit für E und $\mathfrak{G}$ hervorzubringen. Dies wird erreicht durch den Ansatz

$$(50) \qquad \Delta\,\mathfrak{E}_x \cdot \Delta\,\mathfrak{H}_y \gtrsim \frac{hc}{\delta v\,\delta l} = \frac{hc}{\delta l^4} \quad \text{(und zyklisch).}$$

Diese Ungenauigkeitsrelationen beziehen sich auf die gleichzeitige Kenntnis von $\mathfrak{E}_x$ und $\mathfrak{H}_y$ im *gleichen* Raumstück. Es können jedoch $\mathfrak{E}_x$ und $\mathfrak{H}_y$ in verschiedenen Raumstücken sehr wohl beliebig genau bekannt sein.

Die Relationen (50) lassen sich, genau wie im Falle des Partikelbildes, auch direkt aus den Vertauschungsrelationen für $\mathfrak{E}$ und $\mathfrak{H}$ herleiten (M. § 9). Teilt man den Raum in endliche Zellen der Größe δv ein, so tritt nämlich in der Lagrangefunktion $\overline{L}$ in M. (215) an Stelle des Integrals über $d\,v$ eine Summe über alle Zellen δv des Raumes. Als kanonisch konjugierter Impuls zu $\psi_\alpha(r)$ in der Zelle r erscheint dann (vgl. M. Gleichung (224))

$$\delta v \frac{\partial L}{\partial \dot{\psi}_\alpha(r)} = \delta v\, \Pi_\alpha(r) \tag{51}$$

und es folgt an Stelle von M. (231):

$$\Pi_\alpha(r)\,\psi_\beta(s) - \psi_\beta(s)\,\Pi_\alpha(r) = \delta_{\alpha\beta}\,\delta_{rs}\frac{h}{2\pi i}\,\frac{1}{\delta v}, \tag{52}$$

wobei δ_{rs} jetzt die gewöhnliche δ-Funktion bezeichnet.

$$\left(\delta_{rs} = \begin{cases} 1 & \text{für } r = s \\ 0 & \;,,\; r \neq s \end{cases}\right).$$

Im Limes $\delta v \to 0$ geht (52) in M. (231) über.

Angewandt auf elektrische und magnetische Felder folgt aus (52) und M. (259)

$$\mathfrak{E}_i(r)\,\Phi_\alpha(s) - \Phi_\alpha(s)\,\mathfrak{E}_i(r) = -\,2\,h\,c\,i\,\delta_{rs}\,d_{\alpha i}\frac{1}{\delta v}. \tag{53}$$

Bedenkt man noch, daß aus einer Unsicherheit $\Delta\,\Phi_h$ eine Unbestimmtheit der Ordnung $\frac{\Delta\,\Phi_h}{\delta l}$ für die aus Φ_h gebildeten Feldstärken resultiert, so erkennt man, daß (53) unmittelbar zu den Unbestimmtheitsrelationen (50) führt.

Ganz ähnliche Betrachtungen könnte man auch für die Materiewellen anstellen. Es ist aber zu beachten, daß überhaupt keine Experimente angebbar sind, die eine direkte Messung der Amplituden ψ ermöglichen, was schon darin zum Ausdruck kommt, daß die de Brogliewellen komplexe Größen sind. Würde man aus den Vertauschungsrelationen der ψ und ψ^* formal auf Unbestimmtheitsrelationen der Wellenamplituden schließen, so gäbe dies bei Annahme der Bosestatistik zwar noch ein physikalisch vernünftiges Resultat. Bei Verwendung der tatsächlich beobachteten Fermi-Diracstatistik dagegen ergäbe sich das unsinnige Resultat, daß ψ und ψ^* auch an ganz verschiedenen Raumpunkten nicht gleichzeitig genau gemessen werden können, da die Vertauschungsrelationen (M. 249) das positive Zeichen enthalten. Es ist daher befriedigend, daß es überhaupt keine Experimente gibt, die den Wert von ψ an einem bestimmten Punkt zu einer bestimmten Zeit zu messen gestatten. Mathematisch hat dies darin seinen Grund, daß auch für die Wechselwirkung von Strahlung und Materie der Materieanteil nur Glieder zweiten Grades in ψ enthält (der Form $\psi^* \psi$). Aus der eben angestellten Betrachtung kann man auch entnehmen, daß die Bosestatistik für Lichtquanten eine physikalische Notwendigkeit ist, sofern man die sehr natürlich scheinende Annahme macht, daß Messungen der elektrischen und magnetischen Feldstärken an verschiedenen Raumpunkten voneinander unabhängig sein müssen.

2. Nachweis der Unbestimmtheitsrelationen an einer Meßanordnung.

Ähnlich, wie bei der Diskussion des Partikelbildes, muß es möglich sein, direkt an Experimenten nachzuweisen, daß eine genauere Messung von $\mathfrak{E}$ und $\mathfrak{H}$, als durch (50) angegeben, unmöglich ist. Die einfachste Methode zur Messung elektrischer und magnetischer Felder benützt die Ablenkung von Strahlen geladener Materie durch die Felder. Eine gleichzeitige Messung von $\mathfrak{E}_x$ und $\mathfrak{H}_z$ läßt sich durch zwei Strahlen bewerkstelligen, die in der positiven bzw. negativen Y-Richtung laufen und deren Ablenkung in der X-Richtung bestimmt wird. Wenn das Feld innerhalb der Strahlbreite merkliche Inhomogenitäten aufweist, so wird der Strahl auseinandergezerrt und verwischt, eine einfache Messung der Feldstärken aus der Ablenkung ist dann unmöglich. Wir nehmen an, daß der Querschnitt der Strahlen rechteckig sei, in der Z-Richtung soll die Ausdehnung δl sein (also die ganze Breite des Kubus $(\delta l)^3$), in der X-Richtung nehmen wir eine kleinere Ausdehnung d der Strahlen an, um zwei Strahlen übereinander (vgl. Fig. 14) in δl^3 anordnen zu können. Wenn der Abstand der beiden Strahlen in der X-Richtung von der Ordnung δl ist, so mitteln sich auch hier die etwaigen Inhomogenitäten heraus; eventuell kann man den Abstand der beiden Strahlen variieren. Die so skizzierte Anordnung wird eine Messung von $\mathfrak{E}_x$ und $\mathfrak{H}_z$ ermöglichen, wenn die Felder innerhalb $(\delta l)^3$ merklich homogen sind;

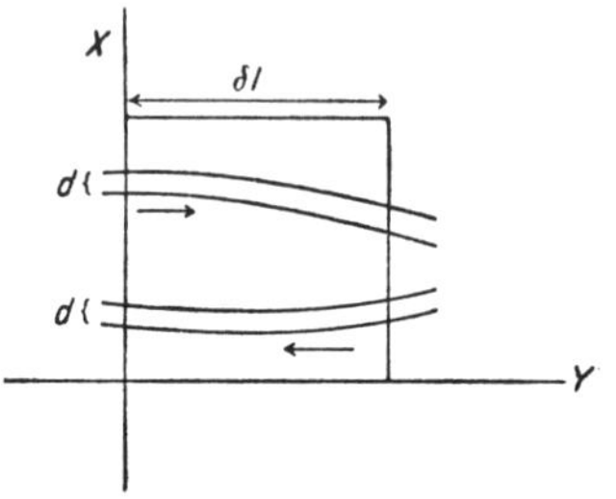

Fig. 14.

treten erhebliche Inhomogenitäten auf, so gibt die Messung kein definiertes Resultat.

Die Winkelablenkung der Strahlen nach Durchlaufen des Weges δl beträgt:

$$\frac{e\left(\mathfrak{E}_x \pm \frac{p_y}{\mu c}\mathfrak{H}_z\right)\frac{\delta l \cdot \mu}{p_y}}{p_y}. \tag{54}$$

Wegen der natürlichen Streuung der Materiestrahlen wird die Genauigkeit der Messung von $\mathfrak{E}_x$ und $\mathfrak{H}_z$ daher durch

$$\Delta \mathfrak{E}_x \sim \frac{h}{de}\frac{p_y}{\delta l \mu} \quad \text{und} \quad \Delta \mathfrak{H}_z \sim \frac{h}{de}\frac{p_y}{\delta l \mu}\frac{\mu c}{p_y} \tag{55}$$

gegeben. Hierbei ist aber ein wesentlicher Punkt vergessen worden: Die im Strahl laufenden Elektronen modifizieren ihrerseits wieder das elektrische Feld im Kubus und damit die Bahn des anderen Materiestrahles (die Ablenkung der beiden Strahlen muß ja gleichzeitig gemessen werden). Diese Modifikation ist unbestimmt um einen gewissen Betrag, da man nicht weiß, an welchem Punkt des Strahles das Elektron läuft. (Eine solche Unbestimmtheit würde nicht auftreten, wenn man das klassische Bild der Materiewellen benutzen dürfte!). Für diese Unbestimmtheit gilt jedenfalls:

$$\Delta \mathfrak{E}_x \gtrsim \frac{e\,d}{(\delta l)^3} \quad \text{und} \quad \Delta \mathfrak{H}_z \gtrsim \frac{e\,d}{(\delta l)^3} \cdot \frac{p_y}{\mu c}. \tag{56}$$

Aus (55) und (56) folgt:

$$\Delta \mathfrak{E}_x \cdot \Delta \mathfrak{H}_z \gtrsim \frac{h c}{(\delta l)^4}. \tag{57}$$

Für diese Ableitung der Unbestimmtheitsrelationen ist wieder die gleichzeitige Benutzung des Partikel- und des Wellenbildes charakteristisch.

IV. Die statistische Deutung der Quantentheorie*)

1. Mathematische Betrachtungen.

Es ist lehrreich, den mathematischen Apparat der Quantentheorie mit dem der Relativitätstheorie zu vergleichen. In beiden Fällen handelt es sich um die Anwendung der linearen Algebra; man kann also die Matrizen der Quantentheorie vergleichen mit den symmetrischen Tensoren der speziellen Relativitätstheorie; als die wesentlichsten Unterschiede muß man hervorheben, daß der Raum, der zu den quantentheoretischen Tensoren gehört, unendlich viele Dimensionen hat; ferner, daß dieser Raum nicht reell ist, an Stelle der orthogonalen Transformationen treten die sog. unitären Transformationen. Sehen wir, um ein anschauliches Bild zu bekommen, von solchen wichtigen Unterschieden ab, so ist jede quantentheoretische Größe durch einen Tensor gekennzeichnet, dessen Hauptachsenrichtungen im Raum aufgezeichnet werden können; um ein klares Bild zu haben, denke man etwa an den Tensor der Trägheitsmomente eines starren Körpers. Die Hauptachsenrichtungen sind im allgemeinen für jede quantentheoretische Größe verschieden, nur vertauschbare Matrizen ergeben gleiche Hauptachsenrichtungen. Die genaue Kenntnis irgendeiner quantentheoretischen Größe entspricht der Festlegung einer ganz bestimmten Richtung im Raum (eines Strahles im unitären Raum); ebenso ist ja durch die genaue Kenntnis des Trägheitsmomentes eines gegebenen starren Körpers die betreffende Hauptachse festgelegt, zu der das Trägheitsmoment gehört; (hierbei ist angenommen, daß keine Entartungen vorliegen). Die genannte Richtung ist also parallel zu derjenigen Hauptachse k des Tensors T, in der die Komponente T_{kk} des Tensors T eben den gemessenen Wert hat. Die genaue Kenntnis der Richtung (bis auf einen

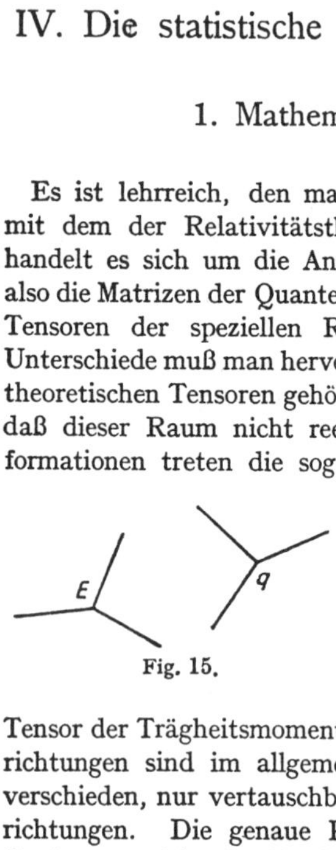

Fig. 15.

*) M. Born[14]); P. Dirac[29]); P. Jordan[29]) und [7]), [8]).

Phasenfaktor) im unitären Raum ist das Maximum von Kenntnis der quantentheoretischen Größen, das sich erreichen läßt; Weyl[12]) hat diesen Grad der Kenntnis daher als ***reinen Fall*** bezeichnet. Ein Atom in einem (nichtentarteten) stationären Zustand stellt z. B. einen reinen Fall dar; die ihn charakterisierende Richtung entspricht derjenigen Hauptachse k des Tensors E, die zum Energiewert E_{kk} des betreffenden stationären Zustandes gehört. Offenbar hat es keinen Sinn von einem Wert etwa der Variablen p oder der Variablen q in der genannten (durch eine Hauptachse von E bestimmten) Richtung zu sprechen. Ebensowenig genügt ja bekanntlich die Angabe des Trägheitsmomentes um eine von den Hauptachsen verschiedene Achse zur dynamischen Behandlung irgendeines speziellen Bewegungstypus des starren Körpers. Nur Tensoren, deren Hauptachsenrichtungen mit denen von E zusammenfallen, haben einen Wert in der vorgegebenen Richtung. Im unitären Raum z. B. kann das gesamte Drehimpulsmoment des Atoms gleichzeitig mit der Energie bestimmt werden. Wenn eine Messung des Wertes von q durchgeführt werden soll, so muß zunächst an Stelle der genauen Kenntnis der Richtung eine ungenaue Kenntnis treten, die aufgefaßt werden kann als ein mit Wahrscheinlichkeitskoeffizienten versehenes „Gemenge“ der den Hauptachsen von E entsprechenden Richtungen. Z. B. verwandelt bei der Ortsmessung durch das Mikroskop der unbestimmbare Teil des Comptonrückstoßes den „reinen Fall“ E_{kk} in ein solches Gemenge (vgl. II, 2 a). Dieses Gemenge muß von solcher Art sein, daß es auch aufgefaßt werden kann als ein Gemenge der den Hauptachsen von q entsprechenden Richtungen mit geeigneten Wahrscheinlichkeitskoeffizienten. Aus dem entstandenen Gemenge greift die Messung einen bestimmten Wert q' als tatsächliches Resultat heraus. Aus dem ganzen Verfahren geht hervor, daß der Wert q aus dem Experiment, das E zu bestimmen gestattete, nicht eindeutig vorhergesagt werden kann; denn dazwischen liegt eine bis zu gewissem Grad unkontrollierbare Störung des Systems. Die Störung ist aber qualitativ bestimmt, wenn man weiß, daß nachträglich ein *genauer* Wert q bekannt sein soll. In diesem Fall ist die Wahrscheinlichkeit, einen Wert q zu finden, nachdem E gemessen war, gegeben durch das Quadrat des Kosinus zwischen der ursprünglichen Richtung „E“ und der Richtung „q“; oder richtiger: durch das diesem Kosinusquadrat entsprechende Analogon im unitären Raum, nämlich $|S(E, q)|^2$. Diese Annahme bildet eines der fundamentalen Postulate der Quantentheorie und kann nicht näher begründet werden. Aus diesem Axiom geht also hervor: Die Werte zweier quantentheoretischer Größen sind kausal aneinander geknüpft dann und nur dann, wenn die den beiden Größen entsprechenden Tensoren parallele Hauptachsen haben. In allen anderen Fällen besteht keine kausale Verknüpfung. Für die statistische Verknüpfung durch gewisse Wahrscheinlichkeitskoeffizienten ist die durch die Meßapparate hervorgerufene Störung des Systems entscheidend; ohne diese Störung hat es keinen Sinn, von dem Wert oder dem wahrscheinlichen Wert einer Variabeln in einer Richtung im unitären Raum zu sprechen, die nicht mit einer Hauptachse des der Variablen entsprechenden Tensors parallel läuft. Z. B. verwickelt man sich in Widersprüche, wenn man über die Wahrscheinlichkeit des Elektronenortes spricht, ohne das zur Ortsmessung verwendete Experiment in Betracht zu ziehen (negative kinetische Energie vgl. S. 25). Es muß auch betont werden, daß der statistische Charakter des Zusammenhangs darauf beruht, daß der Einfluß der Meßapparate auf das zu messende System anders behandelt wird, als der gegenseitige Einfluß der Teile des Systems. Denn auch der letztere Einfluß bewirkt Richtungsänderungen des Systemvektors im Hilbertschen Raum, diese sind aber völlig bestimmt. Würde man die Meßinstrumente zum System rechnen — wobei man auch den Hilbertraum entsprechend erweitert —, so würden die oben als unbestimmt angesehenen Änderungen des Systemvektors jetzt bestimmt. Den Nutzen hieraus könnte man jedoch nur ziehen, wenn unsere Beobachtung der Meßinstrumente von Unbestimmtheit frei wäre. Für diese Beobachtungen gelten aber die gleichen Überlegungen wie oben, und wir müßten etwa auch unsere Augen mit ins System einschließen, um an dieser Stelle der Unbestimmtheit zu entgehen usw. Schließlich könnte man die Kette von Ursache und Wirkung nur dann quantitativ verfolgen, wenn man das ganze Universum in das System einbezöge — dann ist aber die Physik verschwunden und nur ein mathematisches Schema geblieben. Die Teilung der Welt in das beobachtende und das zu beobachtende System verhindert also die scharfe Formulierung des Kausalgesetzes. (Das beobachtende System braucht dabei keineswegs ein menschlicher Beobachter zu sein, an seine Stelle können auch Apparate, wie photographische Platten usw. gesetzt werden.) Als Beispiele für spezielle kausale Verknüpfungen seien jedoch erwähnt: Die Erhaltungssätze für Energie und Impuls gelten streng auch in der Quantentheorie; denn Energie und Impuls auch zu verschiedenen Zeiten sind vertauschbare Größen. Ferner sind die Hauptachsen von q zur Zeit t und von q zur Zeit $t + \Delta t$ nahezu parallel, wenn Δt hinreichend klein ist. Führt man zwei Ortsmessungen sehr kurz hintereinander aus, so kann man also praktisch sicher sein, das Elektron nahezu am gleichen Orte anzutreffen. Allgemein kann man in der Quantenmechanik eine Art

Kausalgesetz in folgender Form aufstellen: Wenn zu irgendeiner Zeit gewisse physikalische Größen so genau, wie prinzipiell möglich, gemessen werden, so gibt es auch zu jeder anderen Zeit Größen, deren Wert exakt berechnet werden kann, d. h. für die das Resultat einer Messung präzis vorhergesagt werden kann —, sofern das zu beobachtende System außer den genannten Messungen keinen anderen Störungen unterworfen ist.

2. Interferenz der Wahrscheinlichkeiten.

Viele Paradoxien der Quantentheorie beruhen auf einer ungenügenden Berücksichtigung der durch die Meßinstrumente verursachten Störung. Als typisches Beispiel sei ein einfaches Gedankenexperiment [8]) diskutiert:

Ein Stern-Gerlachscher Atomstrahl, der zunächst nur Atome im stationären Zustand n enthalten soll, wird durch ein in der Strahlrichtung stark inhomogenes Feld F_1 geschickt, welches durch Schüttel-

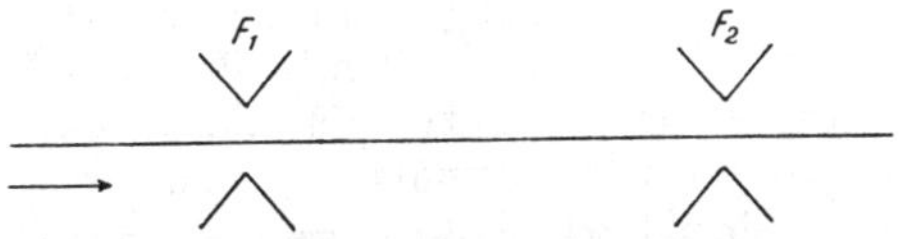

Fig. 16.

wirkung Übergänge hervorruft. Die zu F_1 gehörige Transformationsfunktion sei $S^{(1)}_{nm}$, die Wahrscheinlichkeit, das Atom hinter F_1 im Zustand m anzutreffen, ist also $|S^{(1)}_{nm}|^2$. Nach einer Strecke Weges treten die Atome durch ein zweites Feld F_2 ähnlicher Beschaffenheit; die zugehörige Transformationsfunktion sei $S^{(2)}_{ml}$; hinter F_2 werde der stationäre Zustand des Atoms bestimmt.

Für diejenigen Atome, die hinter F_1 im Zustand m waren, ist also die Wahrscheinlichkeit zum Übergang nach l beim Passieren von F_2 durch $|S^{(2)}_{ml}|^2$ gegeben. Nach dieser Argumentation muß die Gesamtanzahl der Atome, die sich hinter F_2 im Zustand l befinden, durch

$$\sum_m |S^{(1)}_{nm}|^2 \, |S^{(2)}_{ml}|^2 \tag{58}$$

gegeben sein. Andererseits ist die zu den Feldern F_1 und F_2 im Ganzen gehörige Transformationsfunktion $S_{nl}^{(12)} = \sum_m S_{nm}^{(1)} S_{ml}^{(2)}$, die Anzahl der Atome im Zustand l sollte also hinter F_2

$$(59) \qquad | S_{nl}^{(12)} |^2 = | \sum_m S_{nm}^{(1)} S_{ml}^{(2)} |^2$$

betragen, im Widerspruch zu (58).

Der Widerspruch löst sich, wenn man beachtet, daß die Formeln (58) und (59) wirklich zu zwei verschiedenen Experimenten gehören. Die Ableitung von (58) ist nur dann korrekt, wenn zwischen F_1 und F_2 ein Experiment stattgefunden hat, das die Feststellung des stationären Zustandes des Atoms erlaubt. Ein solches Experiment ändert notwendig die Phase der zum Zustand m gehörigen Schrödingerwelle um einen unbekannten Betrag der Ordnung 2π, wie in II, 2d nachgerechnet wurde. Bei Anwendung von (59) auf dieses Experiment ist also unter dem Summenzeichen jedes Glied $S_{nm}^{(1)} S_{ml}^{(2)}$ mit einer unbekannten Phase $e^{i\varphi_m}$ zu multiplizieren, am Schluß muß das Phasenmittel der rechten Seite von (59) gebildet werden. Dieses Phasenmittel stimmt mit (58) überein, wie man leicht nachrechnet. Wenn dagegen zwischen F_1 und F_2 kein Experiment stattgefunden hat, das eine Feststellung des Zustandes ermöglicht, so gibt (59) das Endresultat des Versuches; die Ableitung von (58) ist dann unrichtig, da man zwischen F_1 und F_2 gar nicht davon sprechen kann, daß das Atom in einem bestimmten stationären Zustand verweilt.

Es seien noch einmal schematisch die drei Fälle charakterisiert, die man scharf zu unterscheiden hat:

I. Experiment. Zwischen F_1 und F_2 bleiben die Atome ungestört. Wahrscheinlichkeit für Zustand l hinter F_2

$$| \sum_m S_{nm}^{(1)} S_{ml}^{(2)} |^2.$$

II. Experiment. Zwischen F_1 und F_2 findet eine Beeinflussung der Atome statt, die eine Feststellung des stationären Zustandes *ermöglicht*; das Resultat der Messung wird jedoch nicht registriert. (Es entsteht ein „Gemenge".) Wahrscheinlichkeit für Zustand l hinter F_2:

$$\sum_m | S_{nm}^{(1)} |^2 \, | S_{ml}^{(2)} |^2.$$

III. Experiment. Zwischen F_1 und F_2 findet eine Beeinflussung der Atome statt, die eine Feststellung des stationären Zustandes ermöglicht; die Messung liefert: „Zustand m". Wahrscheinlichkeit für Zustand l hinter F_2:

$$|S_{ml}^{(2)}|^2.$$

Die Unterscheidung der Fälle II und III ist schon von der klassischen Theorie her geläufig. Die prinzipielle Verschiedenheit der Fälle I und II bildet jedoch, genügend verallgemeinert, den Kernpunkt der Quantentheorie. Man erkennt hier auch den Zusammenhang mit den Überlegungen des vorigen Abschnitts:

Die Messung einer physikalischen Größe η besteht im allgemeinen darin, daß wir das zu beobachtende System, dem die Größe η vor der Messung mit einer Ungenauigkeit $\Delta_1 \eta$ zugeordnet war, so verändern, daß ihm nunmehr, nach der Messung, diese Größe mit der geringeren Ungenauigkeit $\Delta_2 \eta < \Delta_1 \eta$ zugeordnet werden kann. Dieser Meßprozeß muß nach dem Gesagten in zwei scharf unterschiedene Akte zerlegt werden. Der erste Schritt der Messung besteht darin, daß das System einem äußeren physikalisch realen, den Ablauf der Ereignisse ändernden Eingriff — z. B. Bestrahlung mit Licht oder Einschalten eines Feldes — unterworfen wird. Dieser Eingriff hat zur Folge, daß das zu beobachtende System in ein Gemenge von — im allgemeinen unendlich vielen — Zuständen übergeht, welchen aber allen gemeinsam ist, daß ihnen die Größe η mit der Genauigkeit $\Delta_2 \eta$ zugeordnet werden kann.

Der zweite Akt der Messung greift dann unter den unendlich vielen Zuständen des Gemenges einen ganz bestimmten als tatsächlich realisiert heraus. Dieser zweite Schritt stellt keinen Prozeß dar, der selbst den Verlauf des Geschehens beeinflußt, sondern verändert lediglich unsere Kenntnis der realen Verhältnisse.

3. Bohrs Begriff der Komplementarität.

Die Welt der aus der täglichen Erfahrung stammenden Begriffe ist zum ersten Male verlassen worden in der Einsteinschen Relativitätstheorie. Dort stellte sich heraus, daß man die gewöhnlichen Begriffe nur anwenden kann auf Vorgänge, in denen die Geschwindigkeit der Lichtfortpflanzung als praktisch unendlich angesehen werden kann. Das durch die moderne Experimentalphysik verfeinerte Erfahrungsmaterial zwang also zu einer Revision der überkommenen und zur Ausbildung neuer Begriffe; aber unser Denken vermag sich nur langsam dem erweiterten Erfahrungsbereich und seiner Begriffswelt anzupassen und daher erschien die Relativitätstheorie anfangs abstrakt und fremd. Wie aus dem bisher Gesagten hervorgeht, zwingen die Erfahrungen aus der Welt der Atome zu einem noch viel weitergehenden Verzicht auf bisher gewohnte Begriffe. In der Tat beruht unsere gewöhnliche Naturbeschreibung und insbesondere der Gedanke einer strengen Gesetzmäßigkeit in den Vorgängen der Natur auf der Annahme, daß es möglich sei, Phänomene zu beobachten, ohne sie merklich zu beeinflussen. Einer bestimmten Wirkung eine bestimmte Ursache zuzuordnen, hat nur dann einen Sinn, wenn wir Wirkung und Ursache beobachten können, ohne gleichzeitig in den Vorgang störend einzugreifen. Das Kausalgesetz in seiner klassischen Form kann also seinem Wesen nach nur für abgeschlossene Systeme definiert werden. In der Atomphysik ist aber im allgemeinen mit jeder Beobachtung eine endliche, bis zu gewissem Grade unkontrollierbare Störung verknüpft, wie dies in der Physik der prinzipiell kleinsten Einheiten auch von vornherein zu erwarten war. Da andererseits jede raum-zeitliche Beschreibung eines physikalischen Vorganges durch die Beobachtung des Vorganges bedingt ist, so folgt, daß die raumzeitliche Beschreibung von Vorgängen einerseits und das klassische Kausalgesetz andererseits komplementäre, einander ausschließende Züge des physikalischen Geschehens darstellen. Dieser Sachlage entspricht in dem Formalismus der Theorie, daß zwar ein mathematisches Schema der Quantentheorie existiert, daß dieses Schema aber nicht als einfache Verknüpfung von Dingen in Raum und Zeit gedeutet werden kann. Durch diese Komplementarität der Raum-Zeitbeschreibung einerseits und der kausalen Verknüpfung andererseits tritt ferner eine eigenartige Unbestimmtheit des Begriffes „Beobachtung" auf, indem es der Willkür anheimgestellt bleibt, welche Gegenstände man zum zu beobachtenden System rechnen oder als Beobachtungsmittel betrachten soll. Im Formalismus der Theorie hat diese Willkür zur Folge, daß zur Deutung eines physikalischen Experimentes oft recht verschiedenartige Methoden benützt werden können, wofür später einige Beispiele gegeben werden sollen. Aber selbst wenn man die genannte Willkür in Kauf nimmt, gehört der Begriff „Beobachtung" streng genommen der aus unserer täglichen Erfahrung entnommenen Ideenwelt an; er kann auf atomare Erscheinungen nur übertragen werden, wenn man auf die in den Unbestimmtheitsrelationen angegebene Begrenzung aller raum-zeitlichen Bilder achtet. Denn jede Beobachtung ist an Raum und Zeit per definitionem geknüpft; also hat dieser Begriff seinen Sinn nur innerhalb der durch die Ungenauigkeitsrelationen angegebenen Schranken. Daß es spezielle Fälle gibt, in denen die

Forderungen des klassischen Kausalgesetzes in gewisser Annäherung mit einer raum-zeitlichen Beschreibung in Einklang gebracht werden können, wurde schon früher erwähnt. Im allgemeinen jedoch kann man die Sachlage etwa durch folgendes Schema charakterisieren (Bohr a. a. O.):

Klassische Theorie	Quantentheorie		
	Entweder		Oder
Raum-Zeitbeschreibung	Raum-Zeitbeschreibung	Statistische Zusammenhänge	Mathematisches Schema nicht in Raum und Zeit
Kausalität	Unbestimmtheitsrelationen		Kausalität

Erst wenn man versucht, sich dieser grundlegenden Komplementarität von Raum-Zeitbeschreibung und Kausalität in der Begriffsbildung anzupassen, kann man die Widerspruchsfreiheit der quantentheoretischen Methoden (insbesondere der Interpretation der Transformationstheorie) beurteilen. Die Anpassung unseres Denkens und unserer Sprache an die Erfahrungen der Atomphysik ist allerdings, wie in der Relativitätstheorie, mit großen Schwierigkeiten verknüpft. In der Relativitätstheorie waren dieser Anpassung die philosophischen Diskussionen früherer Zeiten über die Probleme von Raum und Zeit sehr förderlich. In ähnlicher Weise kann man in der Atomphysik Nutzen ziehen aus den für alle Erkenntnistheorie grundlegenden Diskussionen über die Schwierigkeiten, die mit der Trennung der Welt in Subjekt und Objekt verbunden sind. Manche Abstraktionen, die für die moderne theoretische Physik charakteristisch sind, findet man schon in der Philosophie vergangener Jahrhunderte besprochen. Während diese Abstraktionen damals von dem nur auf Realitäten bedachten Naturwissenschaftler als Spiel der Gedanken abgelehnt werden konnten, zwingt uns heute die verfeinerte Experimentierkunst der modernen Physik dazu, sie eingehend zu diskutieren.

V. Diskussion wichtiger Experimente.

In den vorausgehenden Abschnitten wurden die Prinzipien der Quantentheorie ausführlich besprochen. Ihr eigentliches Verständnis ist jedoch bedingt durch die Anpassung unseres Denkens an die von den Experimenten geschaffene Sachlage, insbesondere an die diskutierte Reziprozität von Raum-Zeitbeschreibung und Kausalgesetz. Daher wird die Diskussion grundlegender Experimente für das Verständnis der Theorie von entscheidendem Nutzen sein.

1. Wilsonsche Aufnahmen.

α) Die wesentlichsten Züge der Wilsonschen Aufnahmen lassen sich am einfachsten mit Hilfe des klassischen Theorie der Partikelvorstellung deuten. Diese Deutung ist auch vom Standpunkt der Quantentheorie aus durchaus gerechtfertigt. Denn bei der Ortsmessung der Teilchen in der Wilsonkammer sind zwar, wie in II ausdrücklich nachgerechnet, die Ungenauigkeitsrelationen trivialerweise gewahrt, diese Ungenauigkeiten sind aber zur Deutung der wesentlichsten Resultate der Wilsonaufnahmen (z. B. Geradlinigkeit der α-Strahlbahnen) unwesentlich. Für Schlüsse solcher Art kann die klassische Theorie stets mit Recht angewendet werden, ebenso wie auf makroskopische Prozesse, da die Quantentheorie nur für die feineren Züge der Phänomene, sozusagen unterhalb der Unbestimmtheitsrelationen, wesentlich wird.

β) Trotzdem ist es nützlich, auch die Quantentheorie der Wilsonaufnahmen näher zu diskutieren. Hier tritt uns sofort die geschilderte Willkür des Begriffs Beobachtung entgegen und es erscheint als eine reine Zweckmäßigkeitsfrage, ob man die zu ionisierenden Wassermoleküle mit zum System der α-Partikel oder mit zum Beobachtungsmittel rechnen soll. Stellen wir uns zunächst auf den letztgenannten Standpunkt. Dann besteht das zu beobachtende System aus der α-Partikel allein und das Resultat einer Ortsmessung durch Ionisierung wird im mathematischen Schema der Theorie repräsentiert durch ein Wahrscheinlichkeitspaket $|S(q')|^2$ im Koordinatenraum x, y, z der α-Partikel. Die folgenden Rechnungen werden der Bequemlichkeit halber nur für einen Freiheitsgrad des Teilchens, sagen wir q, durchgeführt[8])[9]). Kennt man den Ort der Partikel auch zu früheren Zeiten, so vermittelt die genannte Ortsmessung auch eine, wenn auch entsprechend ungenaue, Kenntnis der Geschwindigkeit (vgl. II 2 b), die eine genaue Bestimmung von $S(q)$ nach Gleichung (11) ermöglicht. Wir bezeichnen also wieder mit $\bar{q}$, $\bar{p}$ den mittleren Wert für q und p zur Zeit $t = 0$, mit Δq, Δp den mittleren Fehler. Durch den Index 0 in q_0' deuten wir an, daß sich dieser Wert q_0' auf $t = 0$ bezieht. Dann gilt etwa nach II 1 für $t = 0$:

(60) $$S(q_0') = \text{const} \cdot e^{-\frac{(q_0 - \bar{q})^2}{2(\Delta q)^2} - \frac{2\pi i}{h}\bar{p}(q_0' - \bar{q})}$$

Für die kräftefreie Bewegung gelten die Gleichungen

(61) $$\begin{cases} p = \text{const} = p_0 \\ \dot{q} = \dfrac{1}{\mu} p, \text{ also} \\ q = \dfrac{1}{\mu} p \cdot t + q_0 \end{cases}$$

Um die Wahrscheinlichkeitsverteilung zur Zeit t zu finden, berechnen wir nach M. Gleichung (169) die Transformationsfunktion $S(q_0', q')$:

(62) $$\left(\frac{t}{\mu}\frac{h}{2\pi i}\frac{\partial}{\partial q_0'} + q_0'\right) S(q_0' q') = q' S(q_0' q').$$

Die Lösung lautet:

(63) $$S(q_0' q') = \text{const} \cdot e^{\frac{2\pi i \mu}{h t}\left(q' q_0' - \frac{1}{2} q_0'^2\right)}.$$

Wir finden daher nach M. (188) für die Verteilung zur Zeit t:

(64) $$S(q') = \int S(q_0') S(q_0' q')\, d q_0',$$

d. h.

(65) $$S(q') = \text{const} \cdot e^{\frac{1}{2(\Delta q)^2}\frac{\left[\bar{q} + \frac{i}{\beta}\left(q' - \frac{t}{\mu}\bar{p}\right)\right]^2}{1 + \frac{i}{\beta}}},$$

wobei $\beta = \dfrac{h}{2\pi}\dfrac{t}{\mu}\dfrac{1}{(\Delta q)^2} = \Delta p \dfrac{t}{\mu}\dfrac{1}{\Delta q}$ gesetzt ist.

Es folgt:

$$(66) \qquad |S(q')|^2 = \text{const} \cdot e^{-\frac{\left(q' - \frac{t}{\mu}\bar{p} - \bar{q}\right)^2}{(\Delta q)^2 + \left(\frac{t}{\mu}\Delta p\right)^2}}.$$

Der mittlere Wert für q' ist also $\frac{t}{\mu}\bar{p} + \bar{q}$, wie dies nach der klassischen Theorie zu erwarten war, und das mittlere Fehlerquadrat für $q' : \Delta q^2 + \left(\frac{t}{\mu}\Delta p\right)^2$ setzt sich additiv zusammen aus zwei Teilen, die der Ungenauigkeit in q_0' und p_0' zur Zeit $t = 0$ unmittelbar entsprechen.

Wendet man (66) auf die drei Freiheitsgrade x, y, z der α-Partikel an, so sieht man, daß die Bahn des Wahrscheinlichkeitspakets, von seiner Ausbreitung abgesehen, eine gerade Linie ist. Es ist aber zu beachten, daß Gleichung (66) nur gilt, wenn die α-Partikel auf ihrem Wege ungestört weiterläuft. Jede weitere Ionisierung einer Wassermolekel verwandelt das Paket (66) in ein Gemenge solcher Pakete (Übergang von Fall I zu Fall II im Schema des § IV, 2); ist die Ionisierung mit einer Ortsmessung verknüpft, so wird aus diesem Gemenge wieder ein kleineres Wahrscheinlichkeitspaket der Form (60) als Resultat der Messung herausgegriffen, das den Ausgangspunkt für die weitere Bahnberechnung bildet (Fall III im Schema des § IV, 2) usf. Die Abweichungen von der Geradlinigkeit sind an die Größe der Impulsänderung bei der Ionisierung im Verhältnis zum Impuls der Partikel geknüpft, die Unterschiede zwischen den Bahnen der α-Partikeln und der β-Partikeln sind hieraus ohne weiteres verständlich. Die Unbestimmtheit der Impulsänderung hängt nach § II, 2 mit dem Impulsbereich des aus dem Molekül geschleuderten Elektrons vor dem Stoß und dadurch indirekt mit der Größe der Molekel zusammen.

Was die formale Seite der eben durchgeführten Rechnungen betrifft, so ist noch zu bemerken, daß man die Transformation von q_0' nach q' auch auf dem Umweg über die Energie durchführen kann. Es gilt allgemein nach M. (188)

$$(67) \qquad S(q_0' q') = \int S(q_0' E)\, S(E q')\, dE$$

und daher

$$(68) \qquad S(q') = \int dE \int dq_0'\, S(q_0')\, S(q_0' E) \cdot S(E q').$$

Die Funktionen $S(q_0' E)$ sind die gewöhnlichen Schrödingerschen Wellen im Phasenraum; die Funktion $S(q')$ kann also aus solchen

Schrödingerfunktionen durch Superposition gewonnen werden. Nach dieser Methode hat Darwin[10]) die Bewegung von Wahrscheinlichkeitspaketen untersucht.

γ) Schließlich wollen wir noch die mathematische Behandlung der Wilsonaufnahmen unter der Annahme durchführen, daß die zu ionisierenden Wassermoleküle mit zum System gerechnet werden. Dieses Verfahren ist zwar komplizierter als die bisherigen Methoden, gestattet aber dafür, das unserer gewöhnlichen Anschauung fremde Element der Quantentheorie, das in der vorhergehenden Rechnung in der Reduktion der Wellenpakete bei der Beobachtung zutage trat, an eine Stelle zu rücken, an der es weniger auffällt. Um die Rechnungen nicht allzu sehr zu komplizieren, soll unser System nur zwei Wassermoleküle neben der α-Partikel enthalten; ferner sei der Impulsvektor $\mathfrak{p}$ (p_x, p_y, p_z) der α-Partikel vor der Ionisation genau bekannt, der Ort $\mathfrak{r}$ (x, y, z) also völlig unbekannt. Wir fragen nach der Wahrscheinlichkeit dafür, daß beide Moleküle ionisiert werden und wir wollen zeigen, daß diese Wahrscheinlichkeit nur dann einen merklichen Wert annimmt, wenn die Verbindungslinie der beiden Moleküle parallel läuft zur Geschwindigkeitsrichtung der α-Partikel. Die als fest angenommenen Lagen der Schwerpunkte der beiden Molekel charakterisieren wir durch $x_{\mathrm{I}}, y_{\mathrm{I}}, z_{\mathrm{I}}$ bzw. $x_{\mathrm{II}}, y_{\mathrm{II}}, z_{\mathrm{II}}$, die inneren Koordinaten der Moleküle mit q_{I} bzw. q_{II}. Unser Konfigurationsraum enthält also im ganzen die Koordinaten $(x, y, z; q_{\mathrm{I}}; q_{\mathrm{II}})$. Die Wechselwirkung zwischen den beiden Molekülen wird vernachlässigt. Die Wechselwirkung zwischen α-Partikel und Molekülen werde als Störung behandelt; die entsprechenden Glieder der Hamiltonfunktion seien $H_{\mathrm{I}}^{(1)}(x, y, z, q_{\mathrm{I}})$ und $H_{\mathrm{II}}^{(1)}(x, y, z, q_{\mathrm{II}})$; $H_{\mathrm{I}}^{(1)}$ und $H_{\mathrm{II}}^{(1)}$ werden als Operatoren betrachtet, die auf die Wellenfunktion $\psi(x, y, z; q_{\mathrm{I}}, q_{\mathrm{II}})$ der Schrödingerschen Theorie wirken.

Die Schrödingersche Wellengleichung lautet also schließlich*):

$$
\begin{aligned}
(69)\qquad & \Big(\underbrace{-\frac{h^2}{8\pi^2\mu}\left(\frac{\partial^2}{\partial x^2}+\frac{\partial^2}{\partial y^2}+\frac{\partial^2}{\partial z^2}\right)}_{\alpha\text{-Partikel}} + \underbrace{H_{\mathrm{I}}^{(0)}(q_{\mathrm{I}})}_{\text{Molekel I}} + \underbrace{H_{\mathrm{II}}^{(0)}(q_{\mathrm{II}})}_{\text{Molekel II}} \\
& \qquad + \lambda\underbrace{(H_{\mathrm{I}}^{(1)} + H_{\mathrm{II}}^{(1)})}_{\text{Wechselwirkung}} + \frac{h}{2\pi i}\frac{\partial}{\partial t}\Big)\psi = 0.
\end{aligned}
$$

λ ist ein kleiner Störungsparameter, nach dem entwickelt werden soll.

*) Die folgenden Rechnungen sind im wesentlichen aus M. Born[14]) entnommen. Die Wechselwirkung der α-Teilchen mit den Atomkernen im Molekül wird im folgenden vernachlässigt.

Wir setzen $\psi = \psi^{(0)} + \lambda \psi^{(1)} + \lambda^2 \psi^{(2)} + \cdots$ und erhalten aus (69)

$$(70)\quad \begin{cases} \left(-\frac{h^2}{8\pi^2\mu}\left(\frac{\partial^2}{\partial x^2}+\frac{\partial^2}{\partial y^2}+\frac{\partial^2}{\partial z^2}\right)+H_{\mathrm{I}}^{(0)}(q_{\mathrm{I}})+H_{\mathrm{II}}^{(0)}(q_{\mathrm{II}}) \right. \\ \qquad\qquad \left. +\frac{h}{2\pi i}\frac{\partial}{\partial t}\right)\psi^{(0)}=0. \\ \left(-\frac{h^2}{8\pi^2\mu}\left(\frac{\partial^2}{\partial x^2}+\frac{\partial^2}{\partial y^2}+\frac{\partial^2}{\partial z^2}\right)+H_{\mathrm{I}}^{(0)}(q_{\mathrm{I}})+H_{\mathrm{II}}^{(0)}(q_{\mathrm{II}}) \right. \\ \qquad\qquad \left. +\frac{h}{2\pi i}\frac{\partial}{\partial t}\right)\psi^{(1)}=-\left(H_{\mathrm{I}}^{(1)}+H_{\mathrm{II}}^{(1)}\right)\psi^{(0)} \\ \left(-\frac{h^2}{8\pi^2\mu}\left(\frac{\partial^2}{\partial x^2}+\frac{\partial^2}{\partial y^2}+\frac{\partial^2}{\partial z^2}\right)+H_{\mathrm{I}}^{(0)}(q_{\mathrm{I}})+H_{\mathrm{II}}^{(0)}(q_{\mathrm{II}}) \right. \\ \qquad\qquad \left. +\frac{h}{2\pi i}\frac{\partial}{\partial t}\right)\psi^{(2)}=-\left(H_{\mathrm{I}}^{(1)}+H_{\mathrm{II}}^{(1)}\right)\psi^{(1)} \text{ u. s. f.} \end{cases}$$

Die Eigenlösungen der ersten Gleichung (70) können in der Form geschrieben werden:

$$(71)\quad \psi^{(0)} = e^{\frac{2\pi i}{h}(p_x x + p_y y + p_z z)} \cdot \varphi_{n_{\mathrm{I}}}(q_{\mathrm{I}})\,\varphi_{n_{\mathrm{II}}}(q_{\mathrm{II}})\, e^{-\frac{2\pi i}{h}E_{p,n_{\mathrm{I}}n_{\mathrm{II}}}t}.$$

Ferner sollen die Funktionen $\psi^{(1)}$ bzw. $\psi^{(2)}$ in ihrer Abhängigkeit von q_{I} und q_{II} nach dem Orthogonalsystem $\varphi_{n_{\mathrm{I}}}(q_{\mathrm{I}})\,\varphi_{n_{\mathrm{II}}}(q_{\mathrm{II}})$ entwickelt werden; d. h. es sei

$$(72)\quad \psi^{(1)} = \sum_{n_{\mathrm{I}},n_{\mathrm{II}}} v^{(1)}_{n_{\mathrm{I}},n_{\mathrm{II}}}(x, y, z, t)\,\varphi_{n_{\mathrm{I}}}(q_{\mathrm{I}})\,\varphi_{n_{\mathrm{II}}}(q_{\mathrm{II}}).$$

Schließlich bilden wir die Matrixelemente der Störungsenergie

$$(73)\quad \begin{cases} H_{\mathrm{I}}^{(1)}\varphi_{n_{\mathrm{I}}}(q_{\mathrm{I}}) = \sum\limits_{m_{\mathrm{I}}} h^{(1)}_{n_{\mathrm{I}}m_{\mathrm{I}}}(x, y, z)\,\varphi_{m_{\mathrm{I}}}(q_{\mathrm{I}}) \\ H_{\mathrm{II}}^{(1)}\varphi_{n_{\mathrm{II}}}(q_{\mathrm{II}}) = \sum\limits_{m_{\mathrm{II}}} h^{(1)}_{n_{\mathrm{II}}m_{\mathrm{II}}}(x, y, z)\,\varphi_{m_{\mathrm{II}}}(q_{\mathrm{II}}). \end{cases}$$

Der ungestörte Zustand zur Zeit $t = 0$, von dem wir ausgehen, ist gegeben durch

$$n_{\mathrm{I}} = n_{\mathrm{I}}^0;\quad n_{\mathrm{II}} = n_{\mathrm{II}}^0;\quad \mathfrak{p} = \mathfrak{p}^0\,(p_x = p_x^0,\ p_x = p_y^0,\ p_z = p_z^0),\ E = E_0^{(0)}.$$

Durch Einsetzen von (72) und (73) in (70) erhält man:

$$\left(\Delta = \frac{\partial^2}{\partial x^2}+\frac{\partial^2}{\partial y^2}+\frac{\partial^2}{\partial z^2}\right)$$

$$(74)\quad \begin{aligned}&\left(-\frac{h^2}{8\pi^2\mu}\Delta + E^{(0)}_{n_{\mathrm{I}}} + E^{(0)}_{n_{\mathrm{II}}} + \frac{h}{2\pi i}\frac{\partial}{\partial t}\right) v^{(1)}_{n_{\mathrm{I}} n_{\mathrm{II}}}(x, y, z, t)\\ &= -\left(h^{(1)}_{n^0_{\mathrm{I}} n_{\mathrm{I}}}(x, y, z)\cdot \delta_{n^0_{\mathrm{II}} n_{\mathrm{II}}} + h^{(1)}_{n^0_{\mathrm{II}} n_{\mathrm{II}}}(x, y, z)\,\delta_{n^0_{\mathrm{I}} n_{\mathrm{I}}}\right) e^{\frac{2\pi i}{h}(\mathfrak{p}^0 \mathfrak{r} - E^{(0)}_0 t)}.\end{aligned}$$

Setzt man hierin

$$v^{(1)}_{n_{\mathrm{I}} n_{\mathrm{II}}}(x, y, z, t) = e^{-\frac{2\pi i}{h} E'^{(0)}_0 t} \cdot w^{(1)}_{n_{\mathrm{I}} n_{\mathrm{II}}}(x, y, z),$$

so findet man wegen $E^{(0)}_0 = E^{(0)}_{n^0_{\mathrm{I}}} + E^{(0)}_{n^0_{\mathrm{II}}} + \frac{1}{2\mu}(p^{(0)^2}_x + p^{(0)^2}_y + p^{(0)^2}_z)$

$$(75)\quad \begin{aligned}&\left\{-\frac{h^2}{8\pi^2\mu}\Delta - \left[E^{(0)}_{n^0_{\mathrm{I}}} - E^{(0)}_{n_{\mathrm{I}}} + E^{(0)}_{n^0_{\mathrm{II}}} - E^{(0)}_{n_{\mathrm{II}}} + \frac{1}{2\mu}(\mathfrak{p}^{(0)})^2\right]\right\} w^{(1)}_{n_{\mathrm{I}} n_{\mathrm{II}}}(x, y, z)\\ &= -\left(h^{(1)}_{n^0_{\mathrm{I}} n_{\mathrm{I}}}(x, y, z)\,\delta_{n^0_{\mathrm{II}} n_{\mathrm{II}}} + h^{(1)}_{n^0_{\mathrm{II}} n_{\mathrm{II}}}(x, y, z)\,\delta_{n^0_{\mathrm{I}} n_{\mathrm{I}}}\right) e^{\frac{2\pi i}{h}(\mathfrak{p}^0 \mathfrak{r})}.\end{aligned}$$

Nun gibt $|w^{(1)}_{n_{\mathrm{I}} n_{\mathrm{II}}}(x, y, z)|^2$ nach IV 1 in erster Näherung die Wahrscheinlichkeit dafür an, daß die Moleküle in die Zustände n_{I} bzw. n_{II} übergegangen sind und die α-Partikel im Punkte x, y, z angetroffen wird. Wir schließen aus (75), daß in erster Näherung nur ein Molekül angeregt werden kann, da $w_{n_{\mathrm{I}} n_{\mathrm{II}}}$ nach (75) verschwindet, wenn sowohl n_{I} als auch n_{II} von den Ausgangswerten n^0_{I} bzw. n^0_{II} verschieden ist. Bevor wir zur zweiten Näherung übergehen, sei das Verhalten von $w^{(1)}(x\,y\,z)$ im Raume (x, y, z) diskutiert. Die linke Seite von (75) entspricht der gewöhnlichen Wellengleichung $\Delta u + k^2 u = 0$, wobei die Wellenlänge $\lambda = \frac{h}{p^{(1)}}$ sich aus

$$(76)\quad \frac{1}{2\mu}(\mathfrak{p}^{(1)})^2 = E_{n^0_{\mathrm{I}}} - E_{n_{\mathrm{I}}} + E_{n^0_{\mathrm{II}}} - E_{n_{\mathrm{II}}} + \frac{1}{2\mu}(\mathfrak{p}^{(0)})^2$$

berechnet. Auf der rechten Seite von (75) stehen die Quellen dieser Wellen; $w^{(1)}(x, y, z)$ kann also aus dem Huygensschen Prinzip gewonnen werden, indem man Kugelwellen der beschriebenen Art nach der Verteilungsfunktion

$$(77)\quad -\left(h^{(1)}_{n^0_{\mathrm{I}} n_{\mathrm{I}}}(x\,y\,z)\,\delta_{n^0_{\mathrm{II}} n_{\mathrm{II}}} + h^{(1)}_{n^0_{\mathrm{II}} n_{\mathrm{II}}}(x, y, z)\,\delta_{n^0_{\mathrm{I}} n_{\mathrm{I}}}\right) e^{\frac{2\pi i}{h}(\mathfrak{p}^0 \mathfrak{r})}$$

überlagert. Wenn $\frac{1}{2\mu}(\mathfrak{p}^{(0)})^2$ groß ist im Vergleich zu den Energiedifferenzen in den Molekülen, so sieht man leicht, daß $w^{(1)}_{n_{\mathrm{I}} n^0_{\mathrm{II}}}(x, y, z)$

praktisch von Null verschieden ist nur in einem Streifen in der Richtung $\mathfrak{p}^{(0)}$ hinter dem Molekül I, der Querschnitt des Streifens entspricht (nahe beim Molekül I) etwa den Dimensionen der Molekel. Der Streifen hat eine endliche Öffnung, die den relativ geringen Impulsänderungen der α-Partikel bei der Anregung entspricht. Das Gleiche gilt mutatis mutandis für $w^{(1)}_{n_I^0 n_{II}}(x, y, z)$ (siehe Fig. 17).

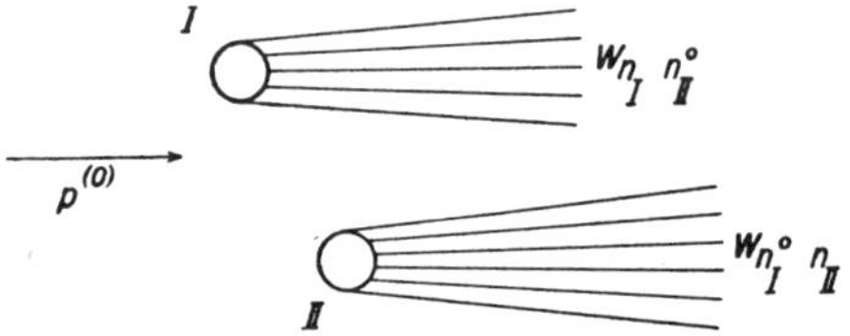

Fig. 17.

Nach diesen Vorbereitungen gehen wir zur zweiten Näherung über. Aus Gleichung (70) folgt für $w^{(2)}_{n_I n_{II}}(x, y, z)$:

$$\left\{-\frac{h^2}{8\pi^2\mu}\Delta - \left[E_{n_I^0} - E_{n_I} + E_{n_{II}^0} - E_{n_{II}} + \frac{1}{2\mu}(\mathfrak{p}^{(0)})^2\right]\right\} w^{(2)}_{n_I n_{II}}(x, y, z) =$$

(78) $$-\sum_{m_I}\sum_{m_{II}} w^{(1)}_{m_I m_{II}}(x, y, z)\left[h^{(1)}_{m_I n_I}(x, y, z)\,\delta_{m_{II} n_{II}} + h^{(1)}_{m_{II} n_{II}}(x, y, z)\,\delta_{m_I n_I}\right]$$

$$= -\sum_{m_I} w^{(1)}_{m_I n_{II}}(x, y, z)\, h^{(1)}_{m_I n_I}(x, y, z) - \sum_{m_{II}} w^{(1)}_{n_I m_{II}}\, h^{(1)}_{m_{II} n_{II}}(x, y, z).$$

Wir fragen nun nach den Bedingungen, unter denen $w^{(2)}_{n_I n_{II}}$ ($n_I \neq n_I^0$; $n_{II} \neq n_{II}^0$) von Null merklich verschieden sein kann. Für diese Glieder $w^{(2)}_{n_I n_{II}}$ reduzieren sich die Summen der rechten Seite von (78) auf je einen Summanden $m_I = n_I^0$ bzw. $m_{II} = n_{II}^0$. $w^{(2)}_{n_I n_{II}}$ ist also nur dann merklich von Null verschieden, wenn *entweder* $w^{(1)}_{n_I^0 n_{II}}$ und $h^{(1)}_{n_I^0 n_I}$ in gleichen Gebieten des x, y, z-Raumes von Null verschieden sind, *oder* wenn $w^{(1)}_{n_I n_{II}^0}$ und $h^{(1)}_{n_{II}^0 n_{II}}$ in gleichen Gebieten des $(x\, y\, z)$-Raumes von Null verschieden sind. Dies ist nur dann möglich, wenn entweder Molekül I im Streifen von $w^{(1)}_{n_I^0 n_{II}}$ liegt, oder Molekül II im Streifen von $w^{(1)}_{n_I n_{II}^0}$. — Verallgemeinert man diese Betrachtungen für den Fall beliebig vieler Moleküle — es treten dabei keine neuen Gesichtspunkte auf — so ist die Geradlinigkeit der α-Strahlbahnen damit erwiesen. Daß die Unbestimmtheit der Impulsänderung bei der Ionisierung mit der Genauigkeit der Ortsmessung, nämlich mit der Größe der Moleküle zusammenhängt, kommt in dieser Rechnung bei der Anwendung des Huygensschen Prinzips zum Ausdruck. Je kleiner das Quellgebiet $h^{(1)}(x\,y\,z)$ der Streuwellen ist, desto größer wird der Öffnungswinkel der „Streifen" $w^{(1)}$. Die diskontinuierliche Änderung von Wahrscheinlichkeitspaketen würde jedoch hier erst in Erscheinung treten, wenn wir nach den Beobachtungsmöglichkeiten für die Ionisierung der Moleküle fragen.

2. Beugungsexperimente.

α) Die Beugung von Lichtstrahlen oder Materiestrahlen (Davisson-Germer, Thomson, Rupp, Kikuchi) an Gittern kann am einfachsten erklärt werden durch die klassische Wellentheorie für Licht und Materie. Die Anwendung der raum-zeitlichen Wellentheorie auf diese Experimente ist auch quantentheoretisch durchaus gerechtfertigt, da für die Geometrie der Wellen die Unbestimmtheitsrelationen zwischen den Wellenamplituden gar keine Rolle spielen. Die Quantentheorie wird erst für Energie- und Impulsinhalt der Wellen und für ähnliche Fragen wesentlich.

β) Die Quantentheorie der Wellen würde sich also in allen wesentlichen Punkten für die Beugungsphänomene mit der klassischen Theorie der Wellen decken, es scheint daher überflüssig, das mathematische Schema für solche Rechnungen zu wiederholen. Dagegen kann eine interessante Ableitung der Beugungserscheinungen aus der Quantentheorie der korpuskularen Vorstellung nach Duane[15]) gewonnen werden. Wir denken etwa der Einfachheit halber an die Reflexion der Korpuskeln an einem Strichgitter (Gitterabstand d) (Striche parallel der z-Achse senkrecht zur Zeichenebene Fig. 18). Denkt man sich das Gitter selbst beweglich, so kann seine Translation in der x-Richtung als periodische Bewegung mit der Periode d aufgefaßt werden, soweit nur die Wechselwirkung der auffallenden Partikel mit dem Gitter in Betracht gezogen wird; denn bei Verschiebung des ganzen Gitters

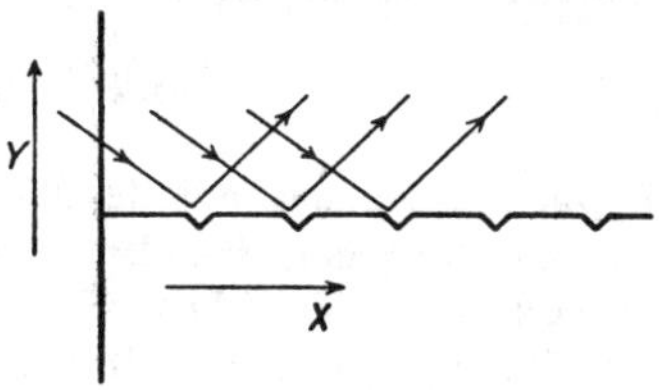

Fig. 18.

um die Länge d bleibt diese Wechselwirkung ungeändert. Man kann daraus schließen, daß die Bewegung des Gitters in der x-Richtung „gequantelt“ ist, der Impuls p_x kann sich nur um ganzzahlige Vielfache des Betrages $\frac{h}{d}$ ändern. (Vgl. in der früheren Fassung der Quantentheorie: $\int p\,d\,q = n\,h$).

Da bei der Reflexion einer Partikel am Gitter der Impuls des Gesamtsystems erhalten bleibt, so ändert sich auch der x-Impuls der Partikel nur um ganzzahlige Vielfache von $\frac{h}{d}$. Es folgt also:

(79) $$p'_x = p_x + m\frac{h}{d};$$

außerdem kann das Gitter wegen seiner großen Masse keine merkliche Energie aufnehmen, also:

(80) $$p'^2_x + p'^2_y = p^2_x + p^2_y = p^2.$$

Sei ϑ der Einfallswinkel, ϑ' der Winkel des reflektierten Strahles, so gilt:

(81) $$\cos\vartheta = \frac{p_y}{p}; \quad \sin\vartheta = \frac{p_x}{p}.$$
$$\sin\vartheta' - \sin\vartheta = m\frac{h}{d\,p}.$$

Aus Formel M. (203) für die Wellenlänge der den Korpuskeln zugeordneten Wellen folgt:

(82) $$(\sin\vartheta' - \sin\vartheta)\,d = m\,\lambda,$$

in Übereinstimmung mit der Wellentheorie.

γ) Der Umstand, daß der Materie und der Lichtstrahlung sowohl korpuskulare wie wellenartige Eigenschaften zukommen, gab vor der Klärung der quantentheoretischen Prinzipien oft zu Schwierigkeiten Anlaß. Insbesondere wurde folgendes Paradoxon häufig besprochen: Die Wechselwirkungskräfte zwischen dem am Gitter reflektierten Elektron und der Materie der Gitterstriche nehmen mit wachsender Entfernung rasch ab. Für die Reflexionsrichtung können also nur die dem Teilchen unmittelbar benachbarten Gitterstriche maßgebend sein. Trotzdem sind auch die weitentfernten Gitterstriche von Einfluß für die Reflexion, das Gitter in seiner ganzen Ausdehnung bestimmt die Schärfe der Beugungsmaxima. Der Grund dieses Widerspruches ist die Vermengung zweier verschiedener Experimente (vgl. Experiment I und II in (IV, 2). Wenn *kein* Experiment stattfindet, welches die Feststellung des Elektronenortes vor der Reflexion ermöglicht, so hat es auch keinen Sinn, von einem Elektronenort zu sprechen und es ist durchaus verständlich, daß das ganze Gitter für den Vorgang maßgebend ist. Wenn dagegen ein solches Experiment zur Messung des Elektronenortes (mit der Genauigkeit Δq) stattfindet, so ändert dieses Experiment den Impuls und damit die Wellenlänge des Elektrons um einen teilweise unbekannten $\left(\Delta p \sim \frac{h}{\Delta q}\right)$ Betrag. Die Reflexion erfolgt dann in ungenau bekannter Richtung, wie es bei der Reflexion an wenigen $\left(\frac{\Delta q}{d}\right)$ Gitterstrichen zu erwarten ist. Wird $\Delta q < d$, so werden die Beugungsmaxima völlig verwischt $\left(\Delta p > \frac{h}{d}\right)$. Man kann dann jedoch, wenn die Ortsmessung wirklich stattfindet, genauere Schlüsse über die Bahn des betreffenden Elektrons ziehen (Unterschied zwischen II und III in IV, 2); z. B. entscheiden, ob das Elektron auf einen Gitterstrich treffen wird oder nicht usw.

3. Das Experiment von Einstein und Rupp[16]).

Ein Widerspruch zwischen Lichtquanten- und Wellentheorie schien sich aus folgendem Experiment herleiten zu lassen:

In einem Kanalstrahl fliegt ein leuchtendes Atom parallel zu einem Schirm am Spalt S der Breite d vorbei (siehe Fig. 19). Das vom Atom ausgesandte Licht, das durch den Spalt dringt, werde von P aus in einem Spektroskop beobachtet. Die Geschwindigkeit des Atoms im Strahl sei v, die Frequenz des von ihm emittierten monochromatischen Lichtes ν. Da das Licht des Atoms nur in der kurzen Zeitspanne t nach P gelangen kann, in der das Atom gerade am Spalt vorbeifliegt, so hat der in P beobachtete Wellenzug eine endliche

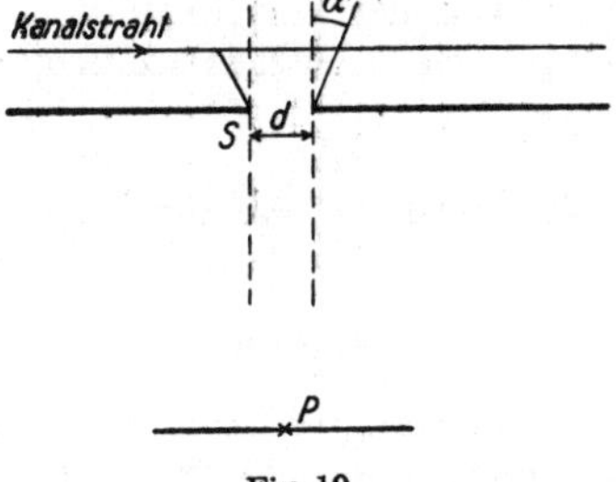

Fig. 19.

Länge, seine Frequenz kann daher nach den Gesetzen der Optik nur unscharf definiert sein, in P wird also eine Verbreiterung der Linie ν von der Größenordnung

$$\Delta\nu \sim \frac{1}{t} \sim \frac{v}{d} \tag{83}$$

wahrgenommen. Nach der Lichtquantentheorie dagegen scheint eine Verbreiterung der Linie unmöglich, da das Atom monochromatisches Licht aussendet und da der Schirm zwar Impuls, aber wegen seiner großen Masse sicher keine Energie aufnehmen kann, also die Energie der Lichtquanten nicht ändern kann. Der Fehler der Überlegung liegt nach Bohr in der Vernachlässigung des Dopplereffektes und der Streuung des Lichtes am Spalt. Die Lichtquanten, die vom Atom nach P gelangen, werden nicht alle senkrecht zur Strahlrichtung emittiert; vielmehr können auch Lichtquanten, die unter einem Winkel α der Größenordnung

$$\sin\alpha \sim \frac{\lambda}{d} \tag{84}$$

relativ zur Richtung (Atom — P) ausgesandt wurden, nach P gelangen wegen der Streuung der Größenordnung $\frac{\lambda}{d}$ am Spalt. Der Dopplereffekt des in dieser Richtung ausgesandten Lichtes beträgt

$$\Delta\nu \sim \sin\alpha \cdot \frac{v}{c} \cdot \nu, \text{ also} \tag{85}$$

$$\Delta\nu \sim \frac{\lambda}{d} \cdot \frac{v}{c}\nu \sim \frac{v}{d} \tag{86}$$

in Übereinstimmung mit (83).

Auch in dem hier diskutierten Experiment ist also die strenge Gültigkeit des Energiesatzes für Partikel vereinbar mit den Forderungen der klassischen Wellenoptik.

4. Emission, Absorption und Dispersion von Strahlung.

a) Anwendung der Erhaltungssätze.

Eine qualitative Deutung des Verhaltens von Atomen in Strahlungsprozessen ist möglich bereits auf Grund des Postulats von der Existenz diskreter stationärer Zustände und der Lichtquantentheorie. In der Tat war diese Deutung der erste entscheidende Erfolg der Bohrschen Theorie. Wir wiederholen kurz die wichtigsten qualitativen Resultate dieser Theorie; die stationären Zustände des Atoms seien, vom Normalzustand angefangen, mit 1, 2, 3 . . . n numeriert (vgl. das Niveauschema Fig. 20).

Ein Atom z. B. im Zustand 3 kann unter Aussendung des Lichtquants $h\nu_{32}$ übergehen in den Zustand 2; ebenso kann z. B. das Atom im Zustand 1 unter Absorption des Lichtquants $h\nu_{13}$ übergehen in den Zustand 3. Es muß hervorgehoben werden, daß diese Aussagen ganz wörtlich zu nehmen sind und keineswegs nur „symbolischen Charakter" haben. Denn es kann z. B. durch Stern-Gerlachexperimente festgestellt werden, in welchem stationären Zustand das Atom verweilt. Daraus folgt insbesondere, daß die Intensität einer Emissionslinie proportional ist der Anzahl der Atome im oberen (zu dieser Emissionslinie gehörigen) Zustand; ebenso, daß die Intensität einer Absorptionslinie proportional ist der Anzahl der Atome im unteren (zur betr. Absorptionslinie gehörigen) Zustand. Diese Resultate, die ja auch das Experiment oft genug bestätigt hat, sind für die Quantentheorie charakteristisch und können aus keiner klassischen Theorie, weder der des Wellen- noch der des Partikelbildes hergeleitet werden; denn schon die Existenz diskreter Energiewerte kann in der klassischen Theorie nicht gedeutet werden.

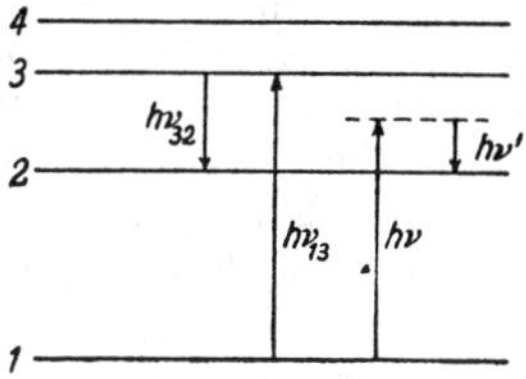

Fig. 20.

Ganz ähnliche Verhältnisse findet man in der Theorie der Dispersion, insbesondere der Smekalschen[17]) inkohärenten Streustrahlung.

Wenn ein Atom im Zustand 1 mit Lichtquanten $h\nu$ erregt wird, so kann es ohne Änderung des Zustandes das gleiche Lichtquant $h\nu$ aussenden (die Masse des Atomkerns sei als unendlich angenommen); es kann auch unter Übergang nach Zustand 2 das nach der langwelligen Seite verschobene Lichtquant $h\nu'$ aussenden. Die Intensität beider Arten von Streulicht ist proportional der Anzahl der Atome im Zustand 1. Wird ein Atom im Zustand 2 mit Licht der Frequenz ν bestrahlt, so kann es als nichtkohärentes Streulicht auch kurzwellige Lichtquanten $h\nu'$ unter Übergang nach Zustand 1 emittieren. Wieder ist die Intensität dieser Art von Streulicht (antistokessches Streulicht) proportional der Anzahl der Atome im Zustand 2. Dies wurde durch die Ramanschen Experimente[18]) bestätigt.

b) Vollständige Behandlung.

Diese qualitativen Konsequenzen der Erhaltungssätze geben aber ihrem Wesen nach keinen Aufschluß über die Interferenzeigenschaften des vom Atom emittierten Lichtes oder über die Werte der Übergangswahrscheinlichkeiten. Um die Interferenzeigenschaften des Lichtes zu deuten, genügt, wie im Davisson-Germer-Experiment, die klassische Wellentheorie; die Quantentheorie der Wellen ändert nichts an der Geometrie der Interferenzbilder. Zur Berechnung der Übergangswahrscheinlichkeiten ist jedoch die Anwendung der Quantentheorie unerläßlich. Zwar kann man nach Klein durch eine geschickte Kombination von korrespondenzmäßigen Argumenten mit der Quantentheorie der Materie die Anwendung der Quantentheorie auf die Strahlung umgehen. Eine solche Formulierung der Strahlungsprobleme scheint aber nicht ganz befriedigend und kann bei oberflächlicher Anwendung zu falschen Schlußfolgerungen führen; jedenfalls erheischt die Anwendung dieser korrespondenzmäßigen Methode die größte Vorsicht bei der Berücksichtigung der verschiedenen Forderungen der Quantentheorie.

Die konsequente Behandlung der Strahlungsphänomene geschieht durch die Anwendung der Quantentheorie auf Strahlung und Materie, wobei es natürlich wieder gleichgültig ist, ob man vom Partikelbild oder vom Wellenbild ausgeht. Dirac bedient sich in seiner Strahlungstheorie[19]) der Sprache des Partikelbildes, benützt aber zur Ableitung der Hamiltonschen Funktion zum Teil Folgerungen der Wellentheorie der Strahlung. Es sei hier nur der Grundgedanke dieser Theorie kurz geschildert:

Das Atom wird durch ein Elektron repräsentiert, das sich in einem elektrostatischen Kraftfeld Φ_0 bewegt. Die relativistisch invariante Gleichung des Einelektronenproblems (Φ_0 skalares Potential, Φ_i $(i = 1, 2, 3)$ elektromagnetische Potentiale) lautet nach Dirac[20]):

(87) $$p_0 + \frac{e}{c}\Phi_0 + \alpha_i \left(p_i + \frac{e}{c}\Phi_i\right) + \alpha_4 \mu c = 0 \quad \text{oder}$$

(88) $$H = -e\Phi_0 - \alpha_i c \left(p_i + \frac{e}{c}\Phi_i\right) - \alpha_4 \mu c^2.$$

(Über gleiche Indizes wird stets summiert $(i = 1, 2, 3)$). Hierin bedeuten wie früher p_i die zu den q_i kanonisch konjugierten Momente, die α_i bedeuten Operatoren, die den Gleichungen

(89) $$\alpha_i \alpha_k + \alpha_k \alpha_i = 2\,\delta_{ik}, \; \alpha_i \alpha_4 + \alpha_4 \alpha_i = 0; \; \alpha_4^2 = 1; \; \delta_{ik} = \begin{cases} 1 \text{ für } i = k \\ 0 \text{ sonst} \end{cases}$$

genügen. Aus den Bewegungsgleichungen folgt:

$$\dot{p}_i = -\frac{\partial H}{\partial q_i}; \quad \dot{q}_i = \frac{\partial H}{\partial p_i} = -\alpha_i \cdot c. \tag{90}$$

Die α_i sind also mit den Geschwindigkeitsmatrizen bis auf den Faktor $-c$ identisch. Aus (88) entnimmt man, daß die Wechselwirkungsenergie zwischen Atom und Strahlungsfeld in der einfachen Form

$$-\alpha_i e \Phi_i = \frac{e}{c} \dot{q}_i \Phi_i \tag{91}$$

geschrieben werden kann, wenn man das skalare Potential des Strahlungsfeldes Null setzt.

Die Hamiltonsche Funktion des Gesamtsystems, das Atom und Strahlungsfeld enthält, heißt also

$$H_{\text{Gesamtsystem}} = H_{\text{Atom}} + \frac{e}{c} \dot{q}_i \Phi_i + H_{\text{Strahlungsfeld}}. \tag{92}$$

Um dieses Problem in einfache mathematische Form zu bringen, betrachtet man das Strahlungsfeld in einem Hohlraum, gibt also durch Lösung der Maxwellschen Gleichungen im Hohlraum ein Orthogonalsystem vor, nach welchem die Φ_i entwickelt werden. Als Koeffizienten des Orthogonalsystems treten dann nach Gleichung M. (246) die Größen

$$a_r = e^{-\frac{2\pi i}{h}\Theta_r} N_r^{\frac{1}{2}}$$

auf, wobei N_r die Anzahl Lichtquanten der Eigenschwingung r bedeutet; die Gesamtenergie des Strahlungsfeldes (ohne Wechselwirkung) in diesen Variabeln wird einfach

$$H_{\text{Strahlungsfeld}} = \sum_r N_r h \nu_r. \tag{93}$$

Bei der Entwicklung der Φ_i nach dem Orthogonalsystem hängen die einzelnen Glieder der Entwicklung noch von der Lage des Atoms im Hohlraum ab. Da sich diese Abhängigkeit im Endresultat doch wegmittelt, sofern man den Hohlraum hinreichend groß annimmt, ist es zweckmäßig, im einzelnen Glied der Entwicklung eine „mittlere“ Amplitude einzusetzen derart, daß das Quadrat dieser mittleren Amplitude mit dem Mittelwert des Quadrates der ursprünglichen Amplitude übereinstimmt; hierbei ist der Mittelwert über alle möglichen Lagen des Atoms im Hohlraum gemeint. Man erhält so für Φ_i:

$$(94)\quad \Phi_i = \left(\frac{h}{2\pi c}\right)^{\frac{1}{2}} \sum_r \cos\alpha_{ir} \cdot \left(\frac{\nu_r}{\sigma_r}\right)^{\frac{1}{2}} \left[N_r^{\frac{1}{2}} e^{\frac{2\pi i}{h}\Theta_r} + e^{-\frac{2\pi i}{h}\Theta_r} \cdot N_r^{\frac{1}{2}}\right].$$

Hierin bedeutet α_{ir} den Winkel zwischen dem elektrischen Vektor der Eigenschwingung r und der q_i-Achse. σ_r bedeutet die Anzahl der Eigenschwingungen im Frequenzintervall $\Delta\,\nu_r$ und Öffnungswinkel $\Delta\,\omega_r$, geteilt durch $\Delta\,\nu_r \cdot \Delta\,\omega_r$. Man erhält also für die Hamiltonfunktion des Gesamtsystems:

$$(95)\quad H = H_{\text{Atom}} + \sum_r N_r h \nu_r + \frac{e}{c}\left(\frac{h}{2\pi c}\right)^{\frac{1}{2}} \sum_r \dot{q}_r \left(\frac{\nu_r}{\sigma_r}\right)^{\frac{1}{2}} \left[N_r^{\frac{1}{2}} e^{\frac{2\pi i}{h}\Theta_r} + e^{-\frac{2\pi i}{h}\Theta_r} N_r^{\frac{1}{2}}\right].$$

Hierin bedeutet $\dot{q}_r$ die Komponente des Vektors $\dot{\mathfrak{q}}$ in Richtung des elektrischen Vektors der Eigenschwingung r.

Aus (95) können unmittelbar alle Resultate abgeleitet werden, die oben durch Anwendung der Erhaltungssätze gewonnen wurden. Denn die Konstanz von H folgt allgemein aus den quantenmechanischen Gleichungen. Ferner folgt aus (95), daß für die Emission bzw. Absorption eines Lichtquants $h\,\nu_r$ dasjenige Matrixelement von $\dot{q}_r$ wesentlich ist, das zu dem betreffenden Übergang des Atoms gehört. Bis auf Faktoren, die hier nicht nachgerechnet werden sollen, ist die Übergangswahrscheinlichkeit direkt durch das Quadrat jenes Matrixelements gegeben. Führt man die Störungsrechnung durch (die Wechselwirkungsterme werden als kleine Störung betrachtet), so erhält man in erster Näherung nur Emissions- und Absorptionsprozesse, in zweiter Näherung auch Dispersionsvorgänge. Die Rechnung soll hier übergangen werden*).

Ein Nachteil der Formulierung (95) für die Hamiltonsche Funktion der Strahlungsprobleme besteht darin, daß sie nichts zu enthalten scheint über die Interferenz- und Kohärenzeigenschaften der Strahlung. Dies ist indessen nur richtig, wenn man in (94), wie oben geschehen,

---

*) Dirac benutzt a. a. O. an Stelle der Hamiltonfunktion (88) noch die frühere Schrödingersche Form. Bei Anwendung von (88) werden jedoch alle Rechnungen etwas einfacher, da in der Wechselwirkungsenergie die in den Φ_i quadratischen Terme wegfallen; die Resultate sind die gleichen, wie bei Dirac.

eine mittlere Amplitude einführt. Behält man die korrekten Amplituden bei, die aus der Entwicklung der Φ_i nach dem Orthogonalsystem folgen, so sorgt das Orthogonalsystem, das ja aus Lösungen der Maxwellgleichungen besteht, dafür, daß die Interferenz- und Kohärenzeigenschaften der Strahlung den Maxwellgleichungen entsprechen. So treten z. B. als Faktoren der Größen a_r in M. Gl. (246) Lösungen der Maxwellgleichungen auf; diese Faktoren verschwinden am Ort des Atoms, wenn die Maxwellschen Vektorpotentiale etwa wegen Interferenz dort verschwinden; es tritt also auch keine Absorption von Licht auf in Gebieten, in denen nach der klassischen Interferenztheorie keine Absorption möglich wäre. Es folgt aus diesen Betrachtungen unmittelbar, daß die klassische Wellentheorie zur Diskussion aller Kohärenz- und Interferenzfragen ausreicht.

5. Interferenz und Erhaltungssätze.

Für unsere Anschauung bereitet es stets große Schwierigkeit, einzusehen, daß die Lichtquantentheorie nicht mit den Forderungen der Maxwellschen Gleichungen in Widerspruch gerät. Man hat deshalb früher, vor dem Verständnis der Quantentheorie, versucht, Lösungen der Maxwellgleichungen vom Charakter einer Nadelstrahlung zu konstruieren. Solche Lösungen haben auch in der Quantentheorie einen vernünftigen Sinn; denn jedesmal, wenn irgendein Experiment Aufschluß gibt über die Richtung, in der ein Lichtquant emittiert wird, so konstituiert dieses Experiment automatisch eine Lösung der Maxwellgleichungen vom genannten Typus (vgl. die Reduktion der Wellenpakete in § II, 2c).

Als Beispiel sei der mit der Emission eines Lichtquants verknüpfte Rückstoß diskutiert[21]). Ein Atom soll unter Aussendung eines Lichtquants von Zustand 2 nach Zustand 1 übergehen, wobei der Gesamtimpuls des Atoms eine entsprechende Änderung erfährt. Da wir uns im Augenblick nur für die Kohärenzeigenschaften der Strahlung interessieren, sei die auf S. 62 erwähnte korrespondenzmäßige Methode angewandt, bei der für die Strahlung klassische Theorie getrieben wird. Als Strahlungsquelle dient eine Ladungsverteilung, die den Ausdrücken M. (205) der klassischen Wellentheorie der Materie nachgebildet ist. Das Atom soll durch ein Elektron (Masse μ, Ladung $-e$, Koordinaten $\mathfrak{r}_e$ (ξ, η, ζ) repräsentiert werden, das um einen Kern (Masse M, Ladung e, Koordinaten $\mathfrak{r}_k$ (x, y, z) kreist. Die Schrödingerfunktion eines stationären Zustandes n, in dem das Atom als Ganzes den Translationsimpuls $\mathfrak{P}\,(P_x, P_y, P_z)$ besitzt, lautet

$$e^{\frac{2\pi i}{h}\mathfrak{P}\mathfrak{r}_s}\cdot\psi_n(\mathfrak{r}_e-\mathfrak{r}_k)\cdot e^{-\frac{2\pi i}{h}E_{n,P}t}, \tag{96}$$

wobei $\mathfrak{r}_s=\frac{\mu\,\mathfrak{r}_e+M\,\mathfrak{r}_k}{\mu+M}$ die Schwerpunktskoordinaten darstellt. Bildet man das zum Übergang $n\rightarrow m$, $\mathfrak{P}\rightarrow\mathfrak{P}'$ gehörige Matrixelement der Wahrscheinlichkeitsdichte, so erhält man

$$e^{\frac{2\pi i}{h}(\mathfrak{P}-\mathfrak{P}')\mathfrak{r}_s}\cdot\psi_n(\mathfrak{r}_e-\mathfrak{r}_k)\,\psi_m^*(\mathfrak{r}_e-\mathfrak{r}_k)\,e^{-\frac{2\pi i}{h}(E_{n,P}-E_{m,P'})t}. \tag{97}$$

Durch Mittelung über die Koordinaten des Kernes bzw. Elektrons und durch Addition erhält man die Ladungsdichte, die, als Quelle der Strahlung aufgefaßt, Rechenschaft gibt über die Kohärenzeigenschaften der emittierten Strahlung.

Man erhält für die beiden Teile (der Faktor e der Gesamtladung ist weggelassen, $\mathfrak{r}=\mathfrak{r}_e-\mathfrak{r}_k$ ist Integrationsvariable, das zugehörige Volumelement heiße dv)

$$\begin{aligned}\varrho_e&=e^{\frac{2\pi i}{h}(\mathfrak{P}-\mathfrak{P}')\mathfrak{r}_e}\int e^{\frac{2\pi i}{h}\frac{M}{\mu+M}\mathfrak{r}(\mathfrak{P}-\mathfrak{P}')}\psi_n(\mathfrak{r})\,\psi_m^*(\mathfrak{r})\,dv\cdot e^{-\frac{2\pi i}{h}(E-E')t}\\ \varrho_k&=e^{\frac{2\pi i}{h}(\mathfrak{P}-\mathfrak{P}')\mathfrak{r}_k}\int e^{\frac{2\pi i}{h}\frac{M}{\mu+M}\mathfrak{r}(\mathfrak{P}-\mathfrak{P}')}\psi_n(\mathfrak{r})\,\psi_m^*(\mathfrak{r})\,dv\,e^{-\frac{2\pi i}{h}(E-E')t}.\end{aligned} \tag{98}$$

Die gesamte Ladungsdichte wird also

$$\varrho=\text{const}\cdot e^{\frac{2\pi i}{h}[(\mathfrak{P}-\mathfrak{P}')\mathfrak{r}-(E-E')t]}, \tag{99}$$

wobei der Wert der Konstante für die folgenden Betrachtungen nicht weiter interessiert. Ganz analog gebaute Ausdrücke erhält man für die Stromdichten. Die von dieser Ladungsverteilung ausgesandte Strahlung wird dann durch die retardierten Potentiale bestimmt:

$$\Phi_0(P)=\int\frac{\varrho\left(t-\frac{R}{c}\right)}{R_{PP'}}\,dv_{P'}; \tag{100}$$

entsprechende Ausdrücke gelten für die Φ_i. R bedeutet den Abstand des Aufpunktes P' vom Punkt P (Verwechslungen mit dem Absolutbetrag des Gesamtimpulses P sind wohl nicht zu befürchten), an dem die Strahlung berechnet werden soll.

Man findet also

$$(101)\qquad \Phi_0(P) = \text{const} \cdot \int d\,v_{P'} \frac{e^{\frac{2\pi i}{h}\left[(\mathfrak{P}-\mathfrak{P}')\mathfrak{r}_{P'} - (E-E')\left(t-\frac{R_{PP'}}{c}\right)\right]}}{R_{PP'}}.$$

(entsprechend für Φ_i).

Nimmt man nun an, daß durch irgendwelche Experimente der Ort des Atoms mit einer gewissen Genauigkeit bestimmt wurde (der Impuls $\mathfrak{P}$ kann dann nur entsprechend ungenau bekannt sein), so bedeutet dies, daß sich die Ladungsverteilung ϱ nur über ein endliches Raumgebiet, sagen wir Δv erstreckt. Untersucht man dann die Strahlung in weiter Entfernung von Δv, so kann man $R_{PP'}$ entwickeln; wenn z. B. der Ursprung des Koordinatensystems in Δv liegt, kann man näherungsweise setzen:

$$(102)\qquad R_{PP'} = R_P - \frac{X_P}{R_P} \cdot x_{P'} - \frac{Y_P}{R_P} y_{P'} - \frac{Z_P}{R_P} z_{P'}.$$

Aus (101) wird dann

$$(103)\quad \Phi_0(P) = \text{const} \cdot e^{\frac{2\pi i}{h}(E-E')\left(t-\frac{R_P}{c}\right)} \int\limits_{\Delta v} \frac{d\,v_{P'}}{R_{PP'}} \cdot e^{\frac{2\pi i}{h}\left(\mathfrak{P}-\mathfrak{P}'-\frac{h\nu}{c}\frac{\mathfrak{R}_P}{R_P}\right)\mathfrak{r}_{P'}}$$

Hierin ist $E - E' = h\nu$ gesetzt.

Die Potentiale sind nur dort merklich von Null verschieden, wo der Faktor von $\mathfrak{r}_{P'}$ im Exponenten kleiner ist als die reziproke Linearausdehnung $(\Delta l)^{-1}$ von Δv; an allen anderen Stellen wird die Strahlung durch Interferenz ausgelöscht; man erhält also

$$(104)\qquad \mathfrak{P} - \mathfrak{P}' = \frac{h\nu}{c}\frac{\mathfrak{R}_P}{R_P} \pm \frac{h}{\Delta l}.$$

Das Atom erhält also einen Rückstoß vom Betrage $\frac{h\nu}{c}$ (bis auf die natürliche Unbestimmtheit $\frac{h}{\Delta l}$). Wenn die Richtung des Rückstoßes experimentell festgestellt wird (soweit die Ungenauigkeitsrelationen dies erlauben), so verhält sich daher die Strahlung hinsichtlich ihrer Kohärenzeigenschaften wie Nadelstrahlung, deren Potentiale durch (103) dargestellt werden. Diese Nadelstrahlung ist aber nur ein möglicher Spezialfall, der dann experimentell realisiert wird, wenn $\mathfrak{P}$ und $\mathfrak{P}'$ hinreichend scharf, die Schwerpunkts-Koordinaten des Atoms aber nur ungenau bestimmt werden. Einen anderen Spezialfall erhält man, wenn durch ein Experiment der Ort des Atomschwerpunktes genauer als $\frac{h}{|\mathfrak{P} - \mathfrak{P}'|} = \frac{c}{\nu} = \lambda$, d. h. genauer als die Wellenlänge des emittierten Lichtes, festgelegt wird. Die Gleichung (103) ergibt dann eine reguläre Kugelwelle und über den Rückstoß läßt sich keinerlei Aussage machen, da die Ungenauigkeit des Rückstoßes $\frac{h}{\Delta l}$ größer ist als $\frac{h\nu}{c}$.

Man sieht aus diesem Beispiel sehr deutlich, wie in der Quantentheorie auch die Lichtwellen der primitiven Realität entkleidet werden, die ihnen in der klassischen Theorie zukam, indem die der Atomstrahlung entsprechende Lösung der Maxwellgleichungen von unserer Kenntnis der Schwerpunktskoordinaten des Atoms abhängt.

6. Der Comptoneffekt und das Compton-Simonsche Experiment[3]).

Ganz analoge Verhältnisse findet man in der Theorie des Comptoneffektes; obwohl die Rechnungen ganz denen des vorhergehenden Paragraphen gleichen, seien ihre wesentlichen Ergebnisse kurz wiedergegeben. Es ist dabei interessanter, nicht von freien, sondern von gebundenen Elektronen auszugehen, weil dann (wenn man die Lage des Atomkerns als gegeben annimmt) von vornherein eine gewisse Ortskenntnis über das Streuelektron vorhanden ist. Die Erhaltungssätze geben die Gleichungen

$$\begin{gathered} h\nu + E = h\nu' + E' \\ \frac{h\nu}{c}\cdot\mathfrak{e} \pm \sim\Delta\,\mathfrak{p} = \frac{h\nu'}{c}\mathfrak{e}' + \mathfrak{p}'. \end{gathered} \tag{105}$$

Hierin beziehen sich die ungestrichenen Buchstaben auf die Variabeln vor dem Stoß, die gestrichenen auf die Variabeln nach dem Stoß. $\mathfrak{p}$ bedeutet den Translationsimpuls des Elektrons, $\mathfrak{e}$ bzw. $\mathfrak{e}'$ einen Einheitsvektor in der Bewegungsrichtung des Lichtquants. $\sim\Delta\,\mathfrak{p}$ bedeutet den Impulsbereich des Elektrons im Atom; wenn $\Delta\,\mathfrak{p}$ klein ist gegenüber $\mathfrak{p}$ und $\frac{h\nu}{c}$, so gibt (105) entsprechend genaue Aussagen über den Zusammenhang der Richtungen $\mathfrak{e}'$ und $\mathfrak{p}'$; wenn $\mathfrak{p}'$ z. B. in der Wilsonkammer gemessen wird, so hat die zu erwartende Strahlung alle Eigenschaften einer Nadelstrahlung, da die Richtung festgelegt ist, in der das Lichtquant emittiert wird. Wenn $\mathfrak{p}' \gg \Delta\,\mathfrak{p}$, so kann man die Translationseigenfunktion näherungsweise als ebene Welle betrachten ($\mathfrak{r}$ Vektor der Elektronenkoordinaten)

$$e^{\frac{2\pi i}{h}(\mathfrak{p}'\mathfrak{r} - E't)} .$$

Die Eigenfunktion des Ausgangszustandes E, der als Normalzustand angenommen wird, sei $\psi_E(\mathfrak{r})\, e^{-\frac{2\pi i}{h}Et}$, wobei ψ nach (37) in einem Gebiet der Linearausdehnung $\Delta l\,[\Delta l \cdot |\Delta\,\mathfrak{p}| \sim h]$ von Null verschieden ist. Durch die einfallende Welle der Frequenz ν werden diese Wellenfunktionen gestört, wobei die Störungsfunktion eine periodische Raumfunktion der Wellenlänge $\lambda = \frac{c}{\nu}$ ist, so daß als Störung der Ladungsverteilung schließlich ein Ausdruck der Form

$$(106)\qquad \begin{cases} \varrho = \text{const} \cdot f(\mathfrak{r})\, e^{-\frac{2\pi i}{h}Et} \cdot e^{2\pi i\left(\frac{\mathfrak{r}\mathfrak{e}}{\lambda} - \nu t\right)} \cdot e^{-\frac{2\pi i}{h}[\mathfrak{p}'\mathfrak{r} - E't]} \\ \quad = \text{const} \cdot f(\mathfrak{r})\, e^{\frac{2\pi i}{h}\left[\left(\frac{h\nu}{c}\mathfrak{e} - \mathfrak{p}'\right)\mathfrak{r} - (E - E' + h\nu)\, t\right]} \end{cases}$$

resultiert, wobei wieder $f(\mathfrak{r})$ in einem Gebiet der Linearausdehnung $\sim \Delta l$ von Null verschieden ist. Bildet man wieder die retardierten Potentiale wie in (103) in weitem Abstand vom Atom, so erhält man (Bezeichnungen wie in (103); $\frac{\mathfrak{R}_P}{R_P} = \mathfrak{e}'$)

$$(107)\qquad \Phi_0(P) = \text{const} \cdot e^{-\frac{2\pi i}{h}(E - E' + h\nu)\left(t - \frac{R}{c}\right)} \cdot \int\limits_{\text{Atomgebiet}} \frac{dv_{P'}}{R_{PP'}}\, f(\mathfrak{r}_{P'})\, e^{\frac{2\pi i}{h}\left(\frac{h\nu}{c}\mathfrak{e} - \mathfrak{p}' - \frac{h\nu'}{c}\mathfrak{e}'\right)\mathfrak{r}_{P'}} .$$

Hierbei ist

$$h\,\nu' = E - E' + h\,\nu$$

gesetzt. Der Zeitfaktor in (107) zeigt, daß die Frequenz der Streustrahlung ν' ist und der Gleichung (105) entspricht. Ferner verschwindet das Integral der rechten Seite von (107) durch Interferenz, wenn der Faktor von $\mathfrak{r}_{P'}$ wesentlich größer ist als die reziproke Linearausdehnung des Atoms. Daraus folgt wegen $\Delta l\,|\Delta\,\mathfrak{p}| \sim h$

$$(108)\qquad \frac{h\nu}{c}\mathfrak{e} = \frac{h\nu'}{c}\mathfrak{e}' + \mathfrak{p}' \pm \sim |\Delta\,\mathfrak{p}|$$

in Übereinstimmung mit der zweiten Gleichung (105). Die Streustrahlung verhält sich also in ihren Kohärenzeigenschaften wie Nadelstrahlung. Allerdings ist die Richtung des Lichtquants nicht exakt vorgeschrieben, was man als Folge der Impulsunbestimmtheit im stationären Ausgangszustand ansehen kann. Diese Impulsunbestimmtheit kann verringert werden, wenn man das Experiment an schwächer gebundenen Elektronen vornimmt. Dann wird aber der Atomquerschnitt entsprechend größer. Führt man die Überlegung für einen angeregten Zustand des Atoms durch, so tritt an Stelle von $\Delta l \, |\Delta \mathfrak{p}| \sim h$ die Relation (37) $\Delta l \, |\Delta \mathfrak{p}| \sim n h$ und bei der Auswertung der retardierten Potentiale hat man die Anzahl der Knotenflächen in $\psi(\mathfrak{r})$ zu beachten. Da hierdurch nur unwesentliche Komplikationen entstehen, haben wir uns auf den Normalzustand beschränkt.

Will man das Geiger-Bothesche Experiment[22]) über die Gleichzeitigkeit von Rückstoßelektron und gestreutem Lichtquant erklären, so muß man, wenn man sich auf die hier geschilderte korrespondenzmäßige Methode beschränkt, Ladungsdichten verwenden, die nur in einem bestimmten Zeitintervall strahlen. Man wird etwa den Ausgangszustand des Elektrons durch ein ruhendes, den Endzustand durch ein bewegtes Wellenpaket darstellen, wobei die Größe der Pakete von der Meßanordnung abhängt. Die Ladungsdichte, die aus dem Produkt beider Pakete entsteht, kann dann nur für eine kurze Zeit von Null merklich verschieden sein, da sich beide Pakete nur für eine kurze Zeit überdecken. Die entstehende Strahlung besteht daher aus einem *begrenzten* Wellenzug, der sich mit Lichtgeschwindigkeit fortpflanzt. Eine konsequentere, wenn auch in allen wesentlichen Punkten äquivalente Erklärung des Geiger-Bothe-Versuches kann man aus der Quantentheorie der Strahlung gewinnen. Dort gelten übrigens, wie früher gezeigt, die Erhaltungssätze, angewandt auf Lichtquanten und Elektronen, so daß man ohne jede Bedenken auch die übliche korpuskulare Theorie der letztgenannten Experimente gebrauchen kann.

7. Schwankungserscheinungen der Strahlung.

Daß die großen Mittelwerte von Schwankungsquadraten, die zu einer Diskontinuumstheorie gehören, wirklich in dem mathematischen Schema der Quantentheorie enthalten sind, wird im zweiten Teil der Vorlesungen gezeigt (M. § 5). Es ist aber besonders lehrreich, das Verhältnis der verschiedenen anschaulichen Bilder, mit denen die Quantentheorie operiert, an den Schwankungsgrößen eines Strahlungsfeldes zu studieren. Es sei also ein Hohlraum vom Volumen V mit Strahlung im Temperaturgleichgewicht gegeben. Die mittlere Energie $\bar{E}$ eines kleinen Teilvolumens ΔV im Frequenzintervall zwischen ν und $\nu + \Delta\nu$ ist dann nach der Planckschen Formel:

$$\bar{E} = \frac{8\pi\nu^2\Delta\nu \cdot h\nu}{c^3\left(e^{\frac{h\nu}{kT}} - 1\right)}\Delta V \tag{109}$$

(k Boltzmannsche Konstante, T Temperatur). Für das mittlere Schwankungsquadrat $\overline{\Delta E^2}$ von E gilt nach allgemeinen thermodynamischen Sätzen:

$$\overline{\Delta E^2} = k T^2 \frac{d\bar{E}}{dT},$$

also hier nach Einstein[23]):

$$\overline{\Delta E^2} = \overbrace{\underset{\substack{\uparrow \\ \text{klass. Partikeltheorie}}}{h\nu \cdot \bar{E}} + \underset{\substack{\uparrow \\ \text{klass. Wellentheorie}}}{\frac{c^3}{8\pi\nu^2\Delta\nu\Delta V}\bar{E}^2}}^{\text{Quantentheorie, Wellen = Partikeln}}. \tag{110}$$

Dieser Wert für das mittlere Schwankungsquadrat läßt sich aus der klassischen Theorie nur teilweise herleiten. Die Partikelvorstellung gibt zunächst

$$\bar{E} = h\nu \cdot \bar{n}, \tag{111}$$

wo $\bar{n}$ die mittlere Anzahl Lichtquanten der Frequenz zwischen ν und $\nu + \Delta\nu$ im Volumen ΔV darstellt; daraus folgt nach den Gesetzen der Wahrscheinlichkeitsrechnung:

$$\overline{\Delta n^2} = \bar{n}; \qquad \text{also}$$

$$\overline{\Delta E^2} = (h\nu)^2 \cdot \bar{n} = h\nu\bar{E}. \tag{112}$$

Die klassische Theorie des Partikelbildes gibt also nur den ersten Teil der Formel (110). Die klassische Wellentheorie der Strahlung dagegen führt genau zum zweiten Teil von (110). Die Rechnungen hierfür werden weiter unten im Zusammenhang mit der Quantentheorie gegeben. Zur Ableitung von (110) ist also die eigentliche Quantentheorie notwendig, wobei es natürlich gleichgültig ist, ob man vom Wellenbild oder von der Partikelvorstellung ausgeht.

Benützt man insbesondere den Konfigurationsraum der Partikeln zur Behandlung des Problems (dies ist für Lichtquanten bisher allerdings nicht konsequent durchgeführt worden), so hat man zu beachten, daß das ganze Termsystem des Problems eingeteilt werden kann in nichtkombinierende Teilsysteme, aus denen ein bestimmtes als Lösung herausgegriffen werden kann (M. § 7). Wegen der Vertauschungsrelationen M. (260), die durch die entsprechenden Unbestimmtheitsrelationen nahegelegt werden, muß speziell dasjenige Termsystem ausgewählt werden, dessen Eigenfunktionen symmetrisch in den Koordinaten der Lichtquanten sind. Diese Auswahl führt zur Bose-Statistik für die Lichtquanten und damit, wie Bose gezeigt hat, zu Gleichung (109) und (110).

Geht man von der Wellenvorstellung aus, so gelangt man von den Amplituden der Eigenschwingungen, wie in (M. 246), zur Anzahl der Lichtquanten in den betreffenden Eigenschwingungen und damit zum gleichen mathematischen Schema[24]). Um die Rechnungen nicht überflüssig zu komplizieren, sei an Stelle des Strahlungshohlraums eine schwingende Saite der Länge l behandelt. $\varphi(x, t)$ sei ihre seitliche Auslenkung, c die Schallgeschwindigkeit in der Saite. Die Lagrangefunktion wird

$$L = \frac{1}{2}\left[\frac{1}{c^2}\left(\frac{\partial\varphi}{\partial t}\right)^2 - \left(\frac{\partial\varphi}{\partial x}\right)^2\right], \tag{113}$$

also

$$\Pi = \frac{1}{c^2}\frac{\partial\varphi}{\partial t} \qquad \text{und} \tag{114}$$

$$\bar{H} = \frac{1}{2}\int_0^l \left\{c^2\Pi^2 + \left(\frac{\partial\varphi}{\partial x}\right)^2\right\} dx = \frac{1}{2}\int_0^l \left\{\frac{1}{c^2}\left(\frac{\partial\varphi}{\partial t}\right)^2 + \left(\frac{\partial\varphi}{\partial x}\right)^2\right\} dx. \tag{115}$$

Ferner gelten die V. R.

$$\Pi(x)\,\varphi(x') - \varphi(x')\,\Pi(x) = \delta(x - x')\,\frac{h}{2\pi i}. \tag{116}$$

Bei Einführung von

$$\varphi(x, t) = \sqrt{\frac{2}{l}}\sum_{k=1}^{\infty} q_k(t)\sin k\frac{\pi}{l}x$$

geht $\bar{H}$ über in

$$\bar{H} = \frac{1}{2}\sum_{k=1}^{\infty}\left\{\frac{1}{c^2}\dot{q}_k^2 + \left(k\frac{\pi}{l}\right)^2 q_k^2\right\}. \tag{117}$$

Ferner kann man setzen:

$$
(118)\qquad
\begin{aligned}
p_k &= \frac{1}{c^2}\dot{q}_k\,,\\
p_k q_l - q_l p_k &= \delta_{kl}\frac{h}{2\pi i}
\end{aligned}
$$

und (vgl. M. 246):

$$
(119)\qquad
\begin{aligned}
p_k &= \sqrt{\frac{k\pi}{c\,l}}\sqrt{\frac{h}{4\pi}}\left\{N_k^{\frac{1}{2}}e^{\frac{2\pi i}{h}\Theta_k}+e^{-\frac{2\pi i}{h}\Theta_k}N_k^{\frac{1}{2}}\right\}\\
q_k &= \sqrt{\frac{l\,c}{k\pi}}\sqrt{\frac{h}{4\pi}}\left\{N_k^{\frac{1}{2}}e^{\frac{2\pi i}{h}\Theta_k}-e^{-\frac{2\pi i}{h}\Theta_k}N_k^{\frac{1}{2}}\right\}\frac{1}{i}\,.
\end{aligned}
$$

Die Eigenfrequenzen der Saite sind:

$$
(120)\qquad \nu_k = k\cdot\frac{c}{2\,l}\,.
$$

Aus (117) wird so

$$
(121)\qquad \overline{H} = \sum_{k=1}^{\infty} h\,\nu_k\cdot\left(N_k+\frac{1}{2}\right).
$$

Für die Energie in einem kleinen Abschnitt $(0, a)$ der Saite erhält man jedoch

$$
(122)\qquad
\begin{aligned}
E = \frac{1}{l}\int_0^a \sum_{j,k=1}^{\infty}\Big\{&\frac{1}{c^2}\dot{q}_j\dot{q}_k\sin j\frac{\pi}{l}x\sin k\frac{\pi}{l}x\\
&+ q_j q_k\, j\,k\left(\frac{\pi}{l}\right)^2\cos j\frac{\pi}{l}\cos k\frac{\pi}{l}x\Big\}\,d x.
\end{aligned}
$$

Greift man aus dieser Summe speziell die Glieder $j=k$ heraus, so erhält man unter der ausdrücklichen Voraussetzung, daß die in Betracht kommenden Wellenlängen alle klein gegen a sind, den Wert $\frac{a}{l}\overline{H}=\overline{E}$. Die Schwankung $\Delta E = E - \overline{E}$ erhält man also, indem man die Glieder $j=k$ aus (122) streicht.

Die Integration ergibt

$$
(123)\qquad \Delta E = \frac{1}{2\,l}\sum_{\substack{j,k=1\\ j\neq k}}^{\infty}\left\{\frac{1}{c^2}\dot{q}_j\dot{q}_k K_{jk} + j\,k\,q_j q_k\left(\frac{\pi}{l}\right)^2 K'_{jk}\right\},
$$

wobei

$$(124)\qquad \begin{cases} K_{jk} = c\dfrac{\sin(\nu_j - \nu_k)\dfrac{a}{c}}{(\nu_j - \nu_k)} - c\dfrac{\sin(\nu_j + \nu_k)\dfrac{a}{c}}{(\nu_j + \nu_k)} \\[2ex] K'_{jk} = c\dfrac{\sin(\nu_j - \nu_k)\dfrac{a}{c}}{(\nu_j - \nu_k)} + c\dfrac{\sin(\nu_j + \nu_k)\dfrac{a}{c}}{(\nu_j + \nu_k)}. \end{cases}$$

Für das Schwankungsquadrat erhält man daher

$$(125)\qquad \begin{aligned} \overline{\Delta E^2} = \frac{1}{2l^2} \sum_{\substack{j,k=1\\ j\neq k}}^{\infty} \Bigg\{ & \frac{1}{c^4}\overline{\dot{q}_j^2}\,\overline{\dot{q}_k^2}\,K_{jk}^2 + j^2k^2\left(\frac{\pi}{l}\right)^4 \overline{q_j^2}\,\overline{q_k^2}\,K_{jk}'^2 \\ & + \left(\frac{\pi}{l}\right)^2 \frac{1}{c^2} jk\left(\overline{q_j\dot{q}_j}\,\overline{q_k\dot{q}_k} + \overline{\dot{q}_j q_j}\,\overline{\dot{q}_k q_k}\right) K_{jk}K'_{jk} \Bigg\}. \end{aligned}$$

Die Summe über j und k ersetzt man dann zweckmäßig durch ein Integral über die Frequenzen ν_j bzw. ν_k, indem man annimmt, daß die Saite l sehr lang sei, so daß ihre Eigenschwingungen dicht beieinander liegen. Ferner nimmt man schließlich noch a als groß an und macht von der Beziehung

$$(126)\qquad \lim_{a\to\infty} \frac{1}{a}\int_{-\nu_1}^{+\nu_2} \frac{\sin^2 \nu a}{\nu^2} f(\nu)\,d\nu = \pi f(0) \quad \text{für } \nu_1, \nu_2 > 0$$

Gebrauch. Das Doppelintegral verwandelt sich dann in ein einfaches Integral und man findet

$$(127)\qquad \begin{aligned} \overline{\Delta E^2} = \frac{a}{c}\int d\nu \Bigg\{ & \frac{1}{c^4}\left(\overline{\dot{q}_\nu^2}\right)^2 + \left[\left(\frac{2\pi\nu}{c}\right)^2 \overline{q_\nu^2}\right]^2 \\ & + \left(\frac{2\pi\nu}{c}\right)^2 \frac{1}{c^2}\left[\left(\overline{q_\nu \dot{q}_\nu}\right)^2 + \left(\overline{\dot{q}_\nu q_\nu}\right)^2\right]\Bigg\}. \end{aligned}$$

Wegen der V. R. (118) wird

$$(128)\qquad \overline{q_\nu \dot{q}_\nu} = -\overline{\dot{q}_\nu q_\nu} = c^2 \cdot \frac{h}{4\pi i}.$$

Ferner ist

$$(129)\qquad \begin{aligned} \overline{E} &= \frac{a}{c}\int d\nu \left\{\frac{1}{c^2}\overline{\dot{q}_\nu^2} + \left(\frac{2\pi\nu}{c}\right)^2 \overline{q_\nu^2}\right\} \\ &= \frac{a}{l}\int d\nu \cdot z_\nu \cdot h\nu\left(N_\nu + \frac{1}{2}\right). \end{aligned}$$

Hierin bedeutet $z_\nu\, d\nu$ die Anzahl Eigenschwingungen pro Frequenzintervall $d\nu$, also in diesem Falle $z_\nu = \frac{2l}{c}$.

Erstreckt man die Integrale über das Frequenzintervall $\varDelta\nu$, so erhält man also

$$\bar{E} = \frac{a}{l} \cdot z_\nu \cdot \varDelta\nu \cdot h\nu\left(N_\nu + \frac{1}{2}\right). \tag{130}$$

$$\overline{\varDelta E^2} = \frac{a}{c}\varDelta\nu\left[\frac{1}{2}\left(\frac{\bar{E}c}{a\varDelta\nu}\right)^2 - \frac{1}{2}(h\nu)^2\right]. \tag{131}$$

Man teilt dann $\bar{E}$ ein in die mittlere thermische Energie $\overline{E^*}$ und die Nullpunktsenergie

$$\begin{aligned}\bar{E} &= \overline{E^*} + \frac{a}{l} z_\nu \varDelta\nu \cdot \frac{h\nu}{2}\\ &= \overline{E^*} + \frac{a}{c}\varDelta\nu \cdot h\nu\end{aligned} \tag{132}$$

und findet

$$\begin{aligned}\overline{\varDelta E^2} &= \frac{a}{2c}\varDelta\nu\left[\left(\frac{\overline{E^*}c}{a\varDelta\nu}\right)^2 + 2\,\frac{\overline{E^*}c}{a\varDelta\nu} \cdot h\nu\right]\\ &= \frac{\overline{E^*}^2}{\varDelta\nu \cdot z_\nu \cdot \frac{a}{l}} + h\nu \cdot \overline{E^*}.\end{aligned} \tag{133}$$

Dieser Wert entspricht genau der Formel (110). Die entsprechende Beziehung für die klassische Wellentheorie erhält man, indem man in (133) zum limes $h \to 0$ übergeht. Die klassische Theorie führt also nur zum ersten Glied der Gleichung (133). Die Quantentheorie, die man nach Belieben als Partikel- oder als Wellentheorie interpretieren kann, führt dagegen zur vollständigen Schwankungsformel.

8. Relativistische Formulierung der Quantentheorie.

In den meisten Diskussionen dieses Buches sind die Forderungen der Relativitätstheorie unberücksichtigt geblieben. Die Gültigkeit der abgeleiteten Resultate ist also im allgemeinen nur für solche Experimente gewährleistet, für die die Lichtgeschwindigkeit praktisch als unendlich angesehen werden kann. Der Gültigkeitsbereich der bisherigen Formulierung wird in der Theorie der Strahlung wohl etwas weiter angenommen werden können; aber im allgemeinen markiert zurzeit die Konstante c die Grenzlinie zwischen unerforschtem und erforschtem Gebiet in der Quantentheorie. Für die Fragen nach den prinzipiellen Grundlagen haben wir uns daher auf die völlig gesicherten Ergebnisse der Theorie beschränkt. Im folgenden sollen dafür die Versuche einer relativistischen Formulierung der Theorie und die mit ihr verbundenen Schwierigkeiten noch kurz diskutiert werden. Dirac[20]) hat eine relativistisch invariante Wellengleichung des Einelektronenproblems aufgestellt (vgl. S. 62), die sowohl den Forderungen der Quantentheorie, wie denen der Relativitätstheorie gerecht wird. Wesentliche Schwierigkeiten für eine solche Gleichung rühren jedoch von der Beziehung

$$\frac{E^2}{c^2} = \mu^2 c^2 + p_x^2 + p_y^2 + p_z^2 \tag{134}$$

für die kräftefreie Bewegung eines Elektrons her, nach welcher zu gegebenen Impulsen stets zwei Energiewerte möglich sind, die sich nur durch das Vorzeichen voneinander unterscheiden. Dieser Umstand hat zur Folge, daß in jedem Atomproblem neben den gewöhnlichen Energiewerten unendlich viele negative Eigenwerte existieren, die nicht der Wirklichkeit entsprechen. Die Übergangswahrscheinlichkeiten von den Zuständen positiver zu denen negativer Energie können auch in keiner Weise als klein angesehen werden, so daß es eigentlich sehr merkwürdig ist, daß man für die positiven Energien wenigstens für das Einelektronenproblem Werte bekommen kann, die der Wirklichkeit entsprechen. Besonders prägnant äußert sich nach Klein[25]) die genannte Schwierigkeit auch darin, daß die Elektronen nach irgendeiner Wellengleichung, die direkt von (134) Gebrauch macht, Potentialschwellen der Höhe $> 2\mu c^2$ eventuell ungehindert durchqueren können. Betrachtet man z. B. nur die Bewegung in der x-Richtung ($p_y = p_z = 0$) und führt die Rechnungen von II, 2d nach (134) durch, so erhält man

$$\begin{gathered}\frac{E^2}{c^2} = \mu^2 c^2 + p_x^2 \\ \frac{(E-V)^2}{c^2} = \mu^2 c^2 + p_x'^2; \quad \text{also} \\ p_x'^2 = p_x^2 + \frac{(E-V)^2 - E^2}{c^2}.\end{gathered} \tag{135}$$

Auf der rechten Seite der Potentialschwelle hat die Wellenfunktion die Form

$$e^{\frac{2\pi i}{h}(p'_x x - E t)} \quad . \tag{136}$$

Für sehr kleine Werte von V ist p'_x reell, also erhält man durchgehende Wellen, wie in II, 2d. Für größere V wird p'_x imaginär, die Welle erleidet Totalreflexion an der Schwelle; der in das Gebiet II (vgl. Fig. 11) eindringende Teil der Materiewellen klingt exponentiell ab. Für sehr hohe Werte von V wird jedoch p'_x wieder reell, d. h. die Elektronen können sehr hohe Potentialschwellen mit einer gewissen Wahrscheinlichkeit ungehindert durchqueren. Daß die Wahrscheinlichkeit hierfür nicht verschwindet, zeigt die genauere Rechnung. Eine Schwierigkeit etwas anderer Art entsteht in der relativistischen Quantentheorie durch die Energie des vom Elektron erzeugten Feldes. Für ein punktförmiges Elektron wird die elektromagnetische Energie dieses Eigenfeldes bekanntlich schon in der klassischen Theorie unendlich groß. In der klassischen Theorie ist man daher zur Einführung einer universellen Länge, nämlich des Elektronendurchmessers genötigt, um dieser Schwierigkeit zu entgehen. In der nichtrelativistischen Quantentheorie ist es nach Jordan und Klein[38]) bemerkenswerterweise möglich, durch geeignete Wahl der Reihenfolge von nicht vertauschbaren Faktoren in der Hamiltonfunktion diese unendliche Eigenenergie des Elektrons ganz zu vermeiden. Ein solcher Ausweg ist aber in der relativistischen Feldtheorie bisher nicht gefunden worden.

Es wird oft die Hoffnung ausgesprochen, daß die Quantentheorie nach Lösung dieser eben genannten Probleme vielleicht wieder weitgehend auf klassische Begriffe zurückgeführt werden könne. Ein oberflächlicher Blick auf die Entwicklung der Physik in den letzten dreißig Jahren lehrt aber schon, daß viel eher noch weitergehende Beschränkungen der klassischen Begriffswelt zu erwarten sind. Zu den Abänderungen unserer gewöhnlichen Raum-Zeitwelt, die von der Relativitätstheorie gefordert werden und für die die Konstante c charakteristisch ist, und zu den Unbestimmtheitsrelationen der Quantentheorie, als deren Symbol Plancks Konstante h gelten kann, werden noch andere Beschränkungen treten, die mit den universellen Konstanten e, μ, M (Protonenmasse) in Zusammenhang stehen. Welcher Art diese weiteren Beschränkungen sein werden, ist einstweilen noch nicht abzusehen.

Der mathematische Apparat der Quantentheorie.

Zur Ableitung des mathematischen Schemas der Quantentheorie (dies gilt für die korpuskulare wie für die Wellenvorstellung) stehen zwei Quellen zur Verfügung: die empirischen Tatsachen und das Korrespondenzprinzip. Das Bohrsche Korrespondenzprinzip[26]) besagt in seiner allgemeinsten Fassung, daß eine bis in die Einzelheiten durchführbare qualitative Analogie besteht zwischen der Quantentheorie und der zu dem jeweils verwendeten Bild gehörigen klassischen Theorie. Diese Analogie dient nicht nur als Wegweiser zum Auffinden der formalen Gesetze, ihr besonderer Wert liegt vielmehr darin, daß sie gleichzeitig die physikalische Interpretation der gefundenen Gesetze liefert.

1. Die Partikelvorstellung (Materie).

Geht man von der Partikelvorstellung aus, so besteht nach dem Korrespondenzprinzip eine innere Verwandtschaft zwischen der klassischen und der quantentheoretischen Mechanik. Die Grundgleichungen der klassischen Mechanik sind in folgendem Schema. enthalten:

(137) $$\dot{p}_k = -\frac{\partial H}{\partial q_k}; \quad \dot{q}_k = \frac{\partial H}{\partial p_k}; \quad H(p, q) - W = 0.$$

(138) $$q_k = \sum_{\tau_1, \tau_2 \cdots \tau_r} q_{k, \tau_1, \tau_2 \ldots \tau_r} \cdot e^{2\pi i (\nu_1 \tau_1 + \nu_2 \tau_2 + \cdots \nu_r \tau_r) t}$$

$$w_k = \nu_k t + \beta_k; \quad J_k \text{ kanonisch konjugiert zu } w_k.$$

(139) $$\dot{J}_k = -\frac{\partial H}{\partial w_k} = 0; \quad \dot{w}_k = \nu_k = \frac{\partial H}{\partial J_k}.$$

In diesem Schema bedeuten: H die Hamiltonsche Funktion der kanonisch konjugierten Variabeln p_k und q_k; $\nu_1, \nu_2 \ldots$ die Grundperioden der als mehrfach periodisch angenommenen Bewegung, w_k die zu ihnen gehörigen Winkelvariabeln, J_k die konjugierten Wirkungsvariabeln. W bedeutet die Gesamtenergie des Systems, t die Zeit.

Zu diesem Schema der klassischen Mechanik soll ein ihm ähnlicher Formalismus[27]) gefunden werden, der den folgenden empirischen Tatsachen Rechnung trägt: Zwischen den charakteristischen Strahlungsfrequenzen eines Atoms bestehen Relationen der Form

$$\nu_{ik} + \nu_{kl} = \nu_{il} \tag{140}$$

(Rydberg-Ritzsches Kombinationsprinzip).

Die Energie eines Atoms kann nur bestimmte, diskrete Werte W_i annehmen. Zwischen diesen Werten und den Eigenfrequenzen des Atoms besteht die Relation:

$$\nu_{ik} = \frac{1}{h}(W_i - W_k) \tag{141}$$

(Bohrs Grundpostulate der Quantentheorie).

Gleichung (141) muß offenbar als das korrespondenzmäßige Analogon zu (139) aufgefaßt werden. Um die Analogie weiter zu führen, wird man, der Relation (138) entsprechend, q in der Quantentheorie repräsentieren durch eine Gesamtheit von „Fouriergliedern“:

$$q \text{ repräs. durch } |q_{ik} e^{2\pi i \nu_{ik} \cdot t}|. \tag{142}$$

Diese quadratische Tabelle bezeichnet man als Matrix; da q reell sein soll, folgt klassisch: $q_\tau = q^*_{-\tau}$, und daher quantentheoretisch $q_{ik} = q^*_{ki}$ (* bedeutet „konjugiert komplex“); solche Matrizen heißen „hermitisch“. Ebenso kann man p als Matrix darstellen, ebenso ferner Funktionen von p und q.

Die Multiplikation zweier Fourierreihen in der klassischen Mechanik erfolgt nach dem Schema:

$$(pq)_\tau = \sum_{\tau'} p_{\tau'} q_{\tau-\tau'}. \tag{143}$$

Dieser Formel entspricht in der Quantentheorie als korrespondenzmäßiges Analogon:

$$(pq)_{il} = \sum_k p_{ik} q_{kl} \tag{144}$$

(Formel der Matrizenmultiplikation). Physikalisch wird Gleichung (144) insbesondere durch die empirische Formel (140) nahegelegt.

Für die Matrizen gelten die üblichen Gesetze der Algebra, mit Ausnahme des kommutativen Gesetzes der Multiplikation:

$$(145)\qquad \begin{aligned} x + y &= y + x \\ x\,(y + z) &= x\,y + x\,z \\ (x + y) + z &= x + (y + z) \\ x\,(y\,z) &= (x\,y)\,z\,. \end{aligned}$$

Doch im allgemeinen

$$(146)\qquad x\,y \neq y\,x\,.$$

Die Ausdrücke $x\,y - y\,x$ bilden, wie Dirac[28]) gezeigt hat, bis auf den Faktor $\frac{2\pi i}{h}$ das korrespondenzmäßige Analogon zu den Poissonschen Klammersymbolen der klassischen Mechanik

$$[x\,y] = \sum_k \left(\frac{\partial x}{\partial p_k}\frac{\partial y}{\partial q_k} - \frac{\partial x}{\partial q_k}\frac{\partial y}{\partial p_k}\right).$$

Dieser Analogie entsprechend werden für die kanonisch konjugierten Variabeln p_k und q_k folgende Vertauschungsrelationen (V. R.) angenommen:

$$(147)\qquad \begin{aligned} &p_k q_l - q_l p_k = \frac{h}{2\pi i}\,\delta_{kl}\left(\delta_{kl} = \begin{matrix} 1 \text{ für } k = l \\ 0 \;\text{,,}\;\; k \neq l \end{matrix}\right) \\ &p_k p_l - p_l p_k = 0 \\ &q_k q_l - q_l q_k = 0\,. \end{aligned}$$

Ferner sollen für p_k und q_k wieder die kanonischen Gleichungen

$$(148)\qquad \dot{p}_k = -\frac{\partial H}{\partial q_k}\,; \quad \dot{q}_k = \frac{\partial H}{\partial p_k}$$

gelten.

Die Gleichungen (147) und (148) sind nicht unabhängig voneinander. Die Gleichungen (147) können eigentlich nur für einen bestimmten Zeitpunkt t angenommen werden, dann sind nach (148) die V. R. für alle folgenden Zeiten festgelegt. Die Durchführung dieser Rechnung zeigt aber, daß die Gleichungen (147) und (148) einander nicht widersprechen.

Aus (147) und (148) läßt sich der Energiesatz und die Bohrsche Frequenzbedingung herleiten: Es wird zunächst eine Matrix W mit Hilfe des Wertsystems W_i konstruiert, das der Gleichung (141) genügt; dabei wird aber noch nicht angenommen, daß W_i mit den Energiewerten des Systems zusammenhängt. Die Matrix W soll eine Diagonalmatrix sein, deren Glieder der Gleichung

$$W_{ik} = \delta_{ik} W_i \tag{149}$$

genügen. Ihr korrespondenzmäßiges Analogon ist also eine Größe, die nicht von der Zeit abhängt. Es gilt dann nach (141):

$$\begin{gathered}(\dot{q})_{ik} = 2\pi i \nu_{ik} q_{ik} = \frac{2\pi i}{h}(W_i - W_k)\, q_{ik} \text{ und} \\ \dot{q} = \frac{2\pi i}{h}(W q - q W)\,.\end{gathered} \tag{150}$$

Ferner gilt für irgendeine Funktion f von p und q nach (147)

$$p f - f p = \frac{h}{2\pi i}\frac{\partial f}{\partial q}; \quad f q - q f = \frac{h}{2\pi i}\frac{\partial f}{\partial p}. \tag{151}$$

Durch Einsetzen in (148) folgt

$$W q - q W = H q - q H; \quad W p - p W = H p - p H. \tag{152}$$

$W - H$ ist also vertauschbar mit p und q und daher jeder Funktion von p und q, also auch mit H. Daraus folgt

$$W H - H W = 0; \quad \dot{H} = 0\,. \tag{153}$$

Ferner hängt $W - H$ nicht von p und q ab, also

$$H = W + \text{const.} \tag{154}$$

W ist also (bis auf eine willkürliche additive Konstante) mit der Energie des Systems identisch. Die Matrix H ist Diagonalmatrix.

Hiermit ist der mathematische Apparat, der zur Partikelvorstellung gehört, festgelegt.

Für die physikalische Interpretation folgen aus der ganzen korrespondenzmäßigen Herleitung dieses mathematischen Schemas folgende Regeln:

1. Der Zeitmittelwert einer Variabeln in einem stationären Zustand ist gegeben durch das zu diesem Zustand gehörige Diagonalglied der die Variable darstellenden Matrix.

2. Bezeichnet man das elektrische Dipolmoment des Atoms mit $e\mathfrak{r}$, wo $[\mathfrak{r} = (x, y, z)]$

$$x = \Sigma q_k^x; \quad y = \Sigma q_k^y; \quad z = \Sigma q_k^z,$$

(q_k^x, q_k^y, q_k^z seien die rechtwinkligen Koordinaten der Elektronen), so gibt

$$\frac{1}{h\nu_{ik}} \frac{2}{3} \frac{e^2}{c^3} (2\pi\nu_{ik})^4 \, |\mathfrak{r}_{ik}|^2 \cdot 2 \tag{155}$$

die Wahrscheinlichkeit der spontanen Emission eines Lichtquants unter Übergang des Atoms von dem energiereicheren Zustand i zum energieärmeren Zustand k. Die Matrizenelemente sollen also zur Emission des Atoms in der gleichen Beziehung stehen, wie die Fourierkoeffizienten des klassischen Modells zu dessen Emission. An der Berechtigung von (155) können zunächst noch Zweifel bestehen, da ja auch die Maxwellsche Theorie einer quantentheoretischen Umdeutung bedarf. In die Ableitung von (155) gehen jedoch, da es sich um Zeitmittelwerte der ausgestrahlten Energie handelt, nur diejenigen Seiten der Maxwellschen Theorie ein, die durch die Quantentheorie nicht verändert werden; dies wird gelegentlich der Diskussion des Wellenbildes nachgewiesen werden.

2. Transformationstheorie.

Wenn die Gleichungen

$$\begin{aligned} p &= S^{-1} p_0 S \\ q &= S^{-1} q_0 S \end{aligned} \tag{156}$$

gelten, so gilt für jede Funktion der p und q

$$f(p, q) = S^{-1} f(p_0 q_0) S. \tag{157}$$

Deutet man die Matrizen als Tensoren eines vieldimensionalen Raumes (Koordinaten $t^1, t^2, \ldots t^n \ldots$), so entspricht die Gleichung

$$p = S^{-1} p_0 S$$

einer unitären Transformation des Koordinatensystems, wobei p_0 den Tensor im Koordinatensystem K_0, p den gleichen Tensor, geschrieben im System K, bedeutet. Zwischen den Koordinatensystemen $K_0\,(t_0^1, t_0^2 \ldots)$ und $K\,(t^1, t^2, \ldots)$ bestehen die Relationen

(158) $$t_0 = S\,t \quad \text{oder} \quad t_0^i = \sum_k S_{ik}\, t^k.$$

Ferner werde angenommen:

(159) $$\sum_i S_{ik}\, S_{il}^* = \delta_{kl} = \begin{cases} 1 & \text{für } l = k \\ 0 & \;\;,, \;\; l \neq k. \end{cases}$$

D. h. $S^{-1} = \widetilde{S^*}$. ($\sim$ bedeutet Vertauschung der Indizes.)

Im allgemeinen ist es zweckmäßig, die verschiedenen Koordinatensysteme nicht durch neue Indizes an den Tensoren zu unterscheiden, sondern für die verschiedenen Koordinatensysteme verschiedene Buchstaben bei der Numerierung der Koordinaten zu benützen. Wir werden im folgenden jedes Koordinatensystem durch einen eigenen Buchstaben kennzeichnen und verschiedene Zahlwerte dieses Buchstabens durch Striche auseinanderhalten, also z. B. (156) in der Form schreiben:

(160) $$p_{a a'} = \sum_l \sum_{l'} (S^{-1})_{a l}\, p_{l l'}\, S_{l' a'}.$$

Die beiden Indizes der Transformationsmatrix S beziehen sich naturgemäß auf verschiedene Koordinatensysteme.

Wenn die Vertauschungsrelationen für p und q in irgendeinem Koordinatensystem gelten, so gelten sie nach (157) auch in jedem anderen Koordinatensystem, da die Einheitsmatrix bei der Transformation wieder in die Einheitsmatrix übergeht. Wir nehmen nun an, daß Matrizen p und q in irgendwelchem Koordinatensystem gefunden seien, die den Vertauschungsrelationen genügen. Dann läßt sich die Hamiltonsche Funktion $H\,(p\,q)$ ebenfalls als Matrix in diesem Koordinatensystem ausdrücken; H ist jedoch im allgemeinen dann keine Diagonalmatrix, da die p und q im allgemeinen keine Lösungen der Bewegungsgleichungen sein werden. Die Lösung des quantenmechanischen Problems (148) ist dann zurückführbar auf die Aufgabe, die Matrix H in eine Diagonalmatrix zu transformieren, d. h. eine Transformationsmatrix S zu finden, die von dem gegebenen Koordinatensystem zu einem neuen führt, dessen Koordinaten mit den Hauptachsen des Tensors H zusammenfallen. Die Gleichungen für S lauten nach (157):

$$W_{a a'} = H_{a a'} = \sum_l \sum_{l'} (S^{-1})_{a l}\, \dot{H}_{l l'}\, S_{l' a'}$$

oder

$$
(161) \qquad \begin{aligned} &\sum_{l'} H_{l l'} S_{l' a} - \sum_{a} S_{l a'} W_{a' a} = \\ &\sum_{l'} H_{l l'} S_{l' a} - S_{l a} W_{a a} = 0 . \end{aligned}
$$

(161) stellt ein System von unendlich vielen homogenen linearen Gleichungen mit unendlich vielen Unbekannten $S_{l a}$ dar. Das System ist nur lösbar für bestimmte Werte $W_{a a}$, die „Eigenwerte" der Matrix W. Diese Eigenwerte können diskret und kontinuierlich verteilt sein. Wir haben bisher stets stillschweigend vorausgesetzt, daß die Indizes der Matrizen diskrete Werte durchlaufen und haben unsere Resultate von der Theorie endlicher Matrizen übernommen. Dieses Vorgehen kann mathematisch nur unter gewissen Einschränkungen gerechtfertigt werden. Zunächst müssen die Matrizenrelationen auf den Fall kontinuierlich veränderlicher Indizes erweitert werden. Wir folgen hier den Methoden Diracs[29]; diese Methoden sind sehr durchsichtig, sie können allerdings nur unter mathematischen Vorsichtsmaßregeln angewendet werden. Da sie aber in allen praktisch vorkommenden Fällen streng gerechtfertigt werden können, wird man gegen ihre Anwendung hier kein Bedenken hegen. Zunächst tritt an Stelle der Summe über einen Index das Integral über dessen Wertebereich

$$
(162) \qquad (S p)_{a l} = \int d l' \, S_{a l'} p_{l' l} .
$$

Die Einheitsmatrix hat hier singulären Charakter. Um sie darzustellen, führt Dirac eine Funktion $\delta(x)$ der folgenden Eigenschaft ein:

$$
\delta(x) = 0 \text{ für } x \neq 0; \quad \int_a^b \delta(x) \, d x = 1,
$$

wenn der Wert 0 im Intervall zwischen a und b liegt. Die Einheitsmatrix für den kontinuierlichen Index l heißt dann

$$
(163) \qquad (1)_{l' l''} = \delta(l' - l'').
$$

In der Quantentheorie sind diejenigen Koordinatensysteme wichtig, in denen bestimmte Matrizen als Diagonalmatrizen erscheinen. Die Indizes in einem Koordinatensystem, in welchem die Matrizen $x_1, x_2 \ldots$ Diagonalform besitzen, bezeichnen wir im folgenden stets mit $x_1', x_1'' \ldots$, $x_2', x_2'' \ldots$ usw., d. h. wir numerieren die Koordinaten nach den Eigenwerten von $x_1, x_2 \ldots$ Die Matrizen x selbst haben in ihrem zugehörigen

Koordinatensystem im Fall kontinuierlich veränderlicher Indizes die Darstellung

(164) $$(x_i)_{x' x''} = x'_i \, \delta(x'_1 - x''_1) \, \delta(x'_2 - x''_2) \ldots$$

Die Matrizen $x_1, x_2 \ldots$ können dann und nur dann gleichzeitig auf Diagonalform gebracht werden, wenn sie miteinander vertauschbar sind.

3. Die Schrödingersche Differentialgleichung[30]).

Im besonderen können die Lagenkoordinaten $q_1 \, q_2 \ldots q_f$ der Elektronen gleichzeitig auf Diagonalform gebracht werden:

(165) $$(q_k)_{q' q''} = q'_k \, \delta(q'_1 - q''_1) \, \delta(q'_2 - q''_2) \ldots \delta(q'_f - q''_f).$$

In diesem Koordinatensystem lautet eine mögliche Darstellung für die Impulse p_k, die den Vertauschungsrelationen Genüge leistet $\left(\delta'(x) = \frac{\partial \, \delta(x)}{\partial x}\right)$:

(166) $$(p_k)_{q' q''} = + \frac{h}{2\pi i} \delta'(q'_k - q''_k) \, \delta(q'_1 - q''_1) \ldots \delta(q'_{k-1} - q''_{k-1}) \cdot \delta(q'_{k+1} - q''_{k+1}) \ldots \delta(q'_f - q'_f{}').$$

Beweis für einen Freiheitsgrad:

(167) $$\begin{aligned}(p\,q - q\,p)_{q' q''} &= \frac{h}{2\pi i} \int d\,q''' \, [\delta'(q' - q''') \, q''' \, \delta(q''' - q'') \\ &\qquad - q' \, \delta(q' - q''') \, \delta'(q''' - q'')] \\ &= \frac{h}{2\pi i} \int d\,q''' \, [\delta'(q' - q''') \, q''' \, \delta(q''' - q'') \\ &\qquad + \delta(q' - q''') \, \delta(q''' - q'') - q' \, \delta'(q' - q''') \, \delta(q''' - q'')] \\ &= \frac{h}{2\pi i} \delta(q' - q'') = \frac{h}{2\pi i} (1)_{q' q''}.\end{aligned}$$

Um irgendeine vorgegebene Funktion F der Variabeln p und q auf Diagonalform zu bringen, hat man analog zu (161) die Gleichung zu lösen

(168) $$\int \big(F(p\,q)\big)_{q' q''} \, d\,q'' \, S_{q'' F'} - S_{q' F'} \cdot F' = 0.$$

Da p und q in F als Matrizen nach (165) und (167) gegeben sind, ist das Integral auf der linken Seite von (168) ausführbar und man erhält

$$F\left(\frac{h}{2\pi i}\frac{\partial}{\partial q'}, q'\right) S_{q'F'} - S_{q'F'} \cdot F = 0 . \tag{169}$$

p_k ist in F durch den Operator $\frac{h}{2\pi i}\frac{\partial}{\partial q_k}$ zu ersetzen. Wird speziell die Hamiltonsche Funktion H zur Lösung der quantenmechanischen Bewegungsgleichungen auf Diagonalform gebracht, so geht (169) über in die Schrödingersche Gleichung (wir schreiben $\psi_W(q')$ für $S_{q'H'}$ und q für q', W für H'):

$$H\left(\frac{h}{2\pi i}\frac{\partial}{\partial q}, q\right)\psi_W - \psi_W W = 0 . \tag{170}$$

In dem speziellen Koordinatensystem, das den Ausgangspunkt der Theorie bildete und in welchem H Diagonalform besitzt, lauten die Matrizen für p und q

$$\begin{aligned} p_{W'W''} &= \int dq\, \psi^*_{W'} \frac{h}{2\pi i}\frac{\partial}{\partial q}\psi_{W''} \\ q_{W'W''} &= \int dq\, \psi^*_{W'}\, q\, \psi_{W''} . \end{aligned} \tag{171}$$

In diesen Gleichungen ist von der Relation $S^{-1} = \tilde{S}^*$ Gebrauch gemacht.

Die Gleichungen (170) und (171) stellen die wirksamsten mathematischen Methoden zur Behandlung quantentheoretischer Probleme dar. Hinsichtlich der physikalischen Deutung liefern diese Methoden jedoch einstweilen nichts Neues. Es bedarf einer besonderen Untersuchung, den physikalischen Sinn der Transformationsmatrizen S klarzumachen.

4. Störungstheorie[24]).

Zur Vorbereitung sollen zunächst die Grundzüge der quantenmechanischen Störungstheorie beschrieben werden: Die Hamiltonsche Funktion sei entwickelbar nach einem kleinen Parameter λ:

$$H = H_0 + \lambda H_1 + \lambda^2 H_2 + \dots \tag{172}$$

Ferner sei das zu H_0 gehörige Bewegungsproblem gelöst, d. h. das Matrizenschema für p, q, und irgendeine Funktion von p und q sei bekannt in demjenigen Koordinatensystem, in dem $H_0 = W_0$ als Diagonalmatrix erscheint. Wir gebrauchen im folgenden den Buchstaben H für die Energiematrix im ebengenannten Koordinatensystem, den Buchstaben W für die Energiematrix in einem System, in dem sie als Diagonalmatrix erscheint. Es sei $W = W_0 + \lambda W_1 + \lambda^2 W_2 + \ldots$, ferner gelte für die Transformationsmatrix, die den Übergang vom erstgenannten zum letztgenannten Koordinatensystem vollzieht:

$$\begin{aligned} S &= S_0 (1 + \lambda S_1 + \lambda^2 S_2 + \ldots) \\ S^{-1} &= (1 - \lambda S_1 + \lambda^2 (S_1^2 - S_2) + \ldots) S_0^{-1}. \end{aligned} \tag{173}$$

Die Gleichung $S^{-1} H S = W$ liefert dann durch Vergleichen der Faktoren gleichhoher Potenzen in λ das folgende System:

$$\begin{aligned} & S_0^{-1} H_0 S_0 = W_0 \\ & S_0^{-1} (H_0 S_1 - S_1 H_0 + H_1) S_0 = W_1 \\ & S_0^{-1} (H_0 S_2 - S_2 H_0 + S_1^2 H_0 + H_1 S_1 - S_1 H_1 + H_2) S_1 = W_2 \\ & - - - - - - - - - - - - - - - - \\ & S_0^{-1} (H_0 S_r - S_r H_0 + F_r (H_0 \ldots H_r, S_1 \ldots S_{r-1})) S_0 = W_r. \end{aligned} \tag{174}$$

Dazu noch

$$S \tilde{S^*} = 1. \tag{175}$$

Ist das ungestörte System nicht entartet, so folgt aus der ersten Gleichung (174) und aus (175)

$$|S_0| = 1.$$

Es läßt sich dann aus jeder weiteren Gleichung durch Bildung des Diagonalelements der betreffende Beitrag zum Eigenwert ermitteln:

$$(F_r)_{nn} = (W_r)_n \tag{176}$$

und aus den übrigen Gliedern die zu bestimmende Matrix S_r:

$$S_{r_{nm}} = -\frac{F_{rnm}}{h \nu_{nm}} (1 - \delta_{nm}). \tag{177}$$

Im Falle der Entartung jedoch folgt aus $H_0 S_0 = W_0 S_0$ noch nicht, daß $|S_0| = 1$ ist. Wenn, sagen wir, $W_{n+1}^0 = W_{n+2}^0 = \ldots = W_{n+r}^0$, so kann S_0 noch Matrixelemente enthalten, die irgendwelchen Übergängen zwischen den Zuständen $n+1 \ldots n+r$ entsprechen. Die zweite Gleichung (174) liefert dann ein System von linearen Gleichungen zur Bestimmung von S_0 und W_1. Bildet man zunächst wieder den Zeitmittelwert über die ungestörte Bewegung (d. h. greift man Zeilen n und Kolonnen m in der Weise heraus, daß die zugehörigen ν_{nm} verschwinden), so folgt

$$\bar{H}_1 S_0 = S_0 W_1 . \tag{178}$$

($\bar{H}_1$ bedeutet den Zeitmittelwert von H_1 über die ungestörte Bewegung.) Gleichung (178) kann als die Gleichung für die „säkularen Störungen" aufgefaßt werden. Die zugehörige Determinante heißt:

$$\begin{vmatrix} H_{1\,n+1,\,n+1} - W_1 & H_{1\,n+1,\,n+2} & \cdot & \cdot & H_{1\,n+1,\,n+r} \\ H_{1\,n+2,\,n+1} & H_{1\,n+2,\,n+2} - W_1 & \cdot & \cdot & H_{1\,n+2,\,n+r} \\ \cdot & \cdot & \cdot & \cdot & \cdot \\ \cdot & \cdot & \cdot & \cdot & \cdot \\ H_{1\,n+r,\,n+1} & \cdot & \cdot & \cdot & H_{1\,n+r,\,n+r} - W_1 \end{vmatrix} \tag{179}$$

Der weitere Gang der Rechnung ist ähnlich, wie bei nichtentarteten Systemen.

5. Resonanz zwischen zwei Atomen[31]; die physikalische Bedeutung der Transformationsmatrizen.

Zwei Atome (I, II) mit den Eigenwertspektren W_n^{I}, W_n^{II} sollen eine Eigenfrequenz gemeinsam haben, d. h. etwa $\nu_{nm}^{\mathrm{I}} = \nu_{ik}^{\mathrm{II}}$ oder

$$W_n^{\mathrm{I}} - W_m^{\mathrm{I}} = W_i^{\mathrm{II}} - W_k^{\mathrm{II}} . \tag{180}$$

Es kann dann zwischen beiden Atomen selbst bei sehr lockerer Kopplung ein Energieaustausch stattfinden derart, daß Atom I vom Zustand n in Zustand m übergeht und die Energie $h\nu_{nm}$ abgibt, und daß Atom II durch Übergang von Zustand k nach i dieselbe Energie $h\nu_{nm} = h\nu_{ik}$ aufnimmt (und umgekehrt). Nennt man die Wechselwirkungsenergie der beiden Atome H^1, betrachtet als „ungestörtes" System die getrennten Atome, als Störung die Wechselwirkung, so ist das ungestörte System entartet:

$$W_n^{\mathrm{I}} + W_k^{\mathrm{II}} = W_m^{\mathrm{I}} + W_i^{\mathrm{II}}. \tag{181}$$

Die zur Wechselwirkung gehörige Säkulardeterminante lautet nach (179)

$$\begin{vmatrix} H^1_{nk;\,nk} - W^1 & H^1_{nk;\,mi} \\ H^1_{mi;\,nk} & H^1_{mi;\,mi} - W^1 \end{vmatrix} = 0. \tag{182}$$

Ihre beiden Lösungen seien W_1^1 und W_2^1.

Die zugehörigen normierten Lösungen der linearen Gleichungen (182) seien:

$$\begin{cases} \text{Zu } W_1^1\colon\ S_{nk,1} = a_{nk,1}\, e^{i\alpha_1};\quad S_{mi,1} = a_{mi,1}\, e^{i\alpha_1} \\ \text{Zu } W_2^1\colon\ S_{nk,2} = a_{nk,2}\, e^{i\alpha_2};\quad S_{mi,2} = a_{mi,2}\, e^{i\alpha_2}. \end{cases} \tag{183}$$

Die Größen α_1 und α_2 sind willkürliche Phasenfaktoren. Im Spezialfall zweier gleicher Atome I und II (dann ist $m = k$ und $i = n$) wird $H^1_{nk;\,kn} = H^1_{kn;\,nk}$ (und daher reell), ferner $H^1_{nk;\,nk} = H^1_{kn;\,kn}$; in diesem Falle wird

$$W^1_{1,2} = H_{nk;\,nk} \pm H_{nk;\,kn} \tag{184}$$

und die Matrix a:

(185)

	nk	kn
1	$\frac{1}{\sqrt{2}}$	$\frac{1}{\sqrt{2}}$
2	$-\frac{1}{\sqrt{2}}$	$\frac{1}{\sqrt{2}}$

Damit ist die Weschselwirkungsstörung in 1. Ordnung im Eigenwert und in 0. Ordnung in den Eigenfunktionen korrekt berücksichtigt.

Um von der Mathematik wieder zur Physik überzugehen, kann man etwa nach der Energie des Atoms I als Funktion der Zeit fragen. Zwischen zwei gekoppelten Oszillatoren gleicher Frequenz findet in der klassischen Theorie ein harmonischer periodischer Energieaustausch statt, dessen Frequenz der Kopplungskraft proportional

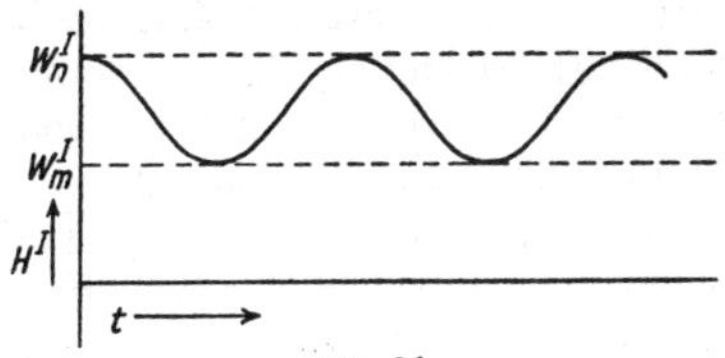

Fig. 21.

ist. Die Energie eines der beiden Oszillatoren würde also etwa durch Fig. 21 graphisch dargestellt. Dagegen wird man in der Quantentheorie erwarten, daß die Energie des Atoms I entweder den Wert W_n^{I} oder den Wert W_m^{I} hat, wobei die Häufigkeit der Übergänge mit der Stärke der Kopplung zusammenhängt (Fig. 22). Allerdings kann in der Quantentheorie der Verlauf der Kurve $H^{\mathrm{I}}(t)$ nicht berechnet werden, er läßt sich auch experimentell nie ermitteln. Jedoch geben die bisher zur physikalischen Interpretation der Quantenmechanik gewonnenen Regeln die Möglichkeit, den Zeitmittelwert von $H^{\mathrm{I}}(t)$, das mittlere Schwankungsquadrat oder den Zeitmittelwert irgendeiner Funktion $f(H^{\mathrm{I}})$ von H^{I} zu berechnen.

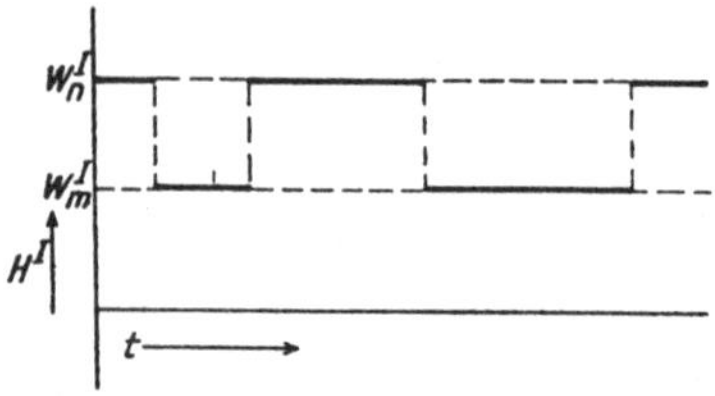

Fig. 22.

Es folgt etwa für den Zustand 1

$$\overline{f(H^{\mathrm{I}})} = [f(H^{\mathrm{I}})]_{1\,1} = S^*_{nk,1} f_{nk;nk} S_{nk,1} + S^*_{mi,1} f_{mi;mi} S_{mi,1} \tag{186}$$
$$= |S_{nk,1}|^2 \cdot f(W_n^{\mathrm{I}}) + |S_{mi,1}|^2 f(W_m^{\mathrm{I}}).$$

Diese Gleichung ist äquivalent mit einem Zusammenhang der Form (Fig. 22) zwischen H^{I} und t, wenn man $|S_{nk,1}|^2$ bzw. $|S_{mi,1}|^2$ als die Wahrscheinlichkeiten dafür deutet, das Gesamtsystem in der Konfiguration $n\,k$ bzw. $m\,i$ zu finden. Es liegt nahe, diese physikalische Interpretation der Transformationsmatrizen zu verallgemeinern[29]) und

$$|S_{a'b'}|^2 \tag{187}$$

als die Wahrscheinlichkeit dafür zu deuten, daß der Wert a' von a gefunden wird, wenn bekannt ist, daß der Wert b' von b dem System zukommt. Es muß zu dieser physikalischen Annahme jedoch die ausdrückliche Bedingung hinzugefügt werden, daß das zu betrachtende Experiment wirklich eine Bestimmung der Werte von a gestattet. Diese Bedingung scheint zunächst trivial, sie ist jedoch wesentlich, da eine Anwendung der Deutung von (187) ohne Rücksicht auf die zur Messung von a' führenden Experimente sofort zu logischen Widersprüchen Anlaß gibt.

Führt man hintereinander zuerst eine Transformation von a nach b, dann von b nach c aus, so gilt nach der Matrizenmultiplikation:

$$S_{a'c'} = \sum_{b'} S_{a'b'} S_{b'c'}. \tag{188}$$

Ganz unabhängig von c ist also die „Wahrscheinlichkeitsamplitude“ $S_{a'c'}$ stets darstellbar als lineare Funktion der $S_{a'b'}$. Die Wahrscheinlichkeitsamplitude $S_{a'}$ dafür, den Wert a' zu finden, ist also selbst im allgemeinsten Fall stets eine lineare Funktion der Transformationsmatrizen $S_{a'b'}$, insbesondere kann man z. B. setzen

$$S_{a'} = \sum_{W'} S_{a'W'} c_{W'}, \tag{189}$$

wo $S_{a'W'}$ die Transformationsmatrix zur Energie W', $c_{W'}$ irgendwelche Konstanten bedeuten.

Während die Wahrscheinlichkeiten $|S_{a'W'}|^2$ stets zeitlich konstant sind, weil sie sich auf einen stationären Zustand W' beziehen, braucht dies nicht mehr für $|S_{a'}|^2$ allgemein zu gelten. Die Zeitabhängigkeit von $S_{a'}$ läßt sich dann durch folgende Betrachtung ermitteln:

Nach (142) gehört zum Matrixelement f_{ik} der Zeitfaktor $e^{2\pi i \nu_{ik} t} = e^{\frac{2\pi i}{h}(W_i - W_k)t}$

Ferner gilt

$$f_{ik} = \sum_{a'a''} S^*_{a'i} \cdot f_{a'a''} S_{a''k}. \tag{190}$$

Man erhält also die richtige Zeitabhängigkeit, wenn man zu $S_{a'i}$ den Faktor $e^{-\frac{2\pi i}{h} W_i t}$ hinzufügt. Da in den $S_{a'i}$ bisher stets ein Phasenfaktor vom Betrag 1 willkürlich war, werden wir in Zukunft unter $S_{a'i}$ die Transformationsgröße unter Einschluß des zeitabhängigen Faktors verstehen. Die allgemeinste Wahrscheinlichkeitsamplitude $S_{a'}$ genügt dann nach (161) der Gleichung

$$\sum_{a''} H_{a'a''} S_{a''} + \frac{h}{2\pi i} \frac{\partial S_{a'}}{\partial t} = 0. \tag{191}$$

Wählt man insbesondere $a = q$, so erhält man:

$$H\left(\frac{h}{2\pi i} \frac{\partial}{\partial q}, q\right) \psi + \frac{h}{2\pi i} \frac{\partial \psi}{\partial t} = 0, \tag{192}$$

also die Wellengleichung von Schrödinger.

Um eine Anwendung von (191) zu geben, betrachten wir wieder das Beispiel der beiden gekoppelten Atome. Es sei bei einer Messung zur Zeit $t = 0$ das Atom I im Zustand n, Atom II im Zustand k angetroffen worden. Für $t = 0$ ist also $|S_{nk}| = 1$ und $|S_{mi}| = 0$. Mit diesen Anfangsbedingungen gehen wir ein in Gleichung (191) und finden nach (183) (die $a_{n,k,1}$ usw. seien zeitunabhängig, die a_1, a_2 sollen die Zeitabhängigkeit enthalten):

$$
(193)\quad
\begin{aligned}
S_{nk} &= \frac{1}{a_{nk,1}\,a_{mi,2} - a_{mi,1}\,a_{nk,2}}\left(a_{mi,2}\,a_{nk,1}\,e^{-\frac{2\pi i}{h}W_1 t} - a_{mi,1}\,a_{nk,2}\,e^{-\frac{2\pi i}{h}W_2 t}\right)\\
S_{mi} &= \frac{a_{mi,2}\,a_{mi,1}}{a_{nk,1}\,a_{mi,2} - a_{mi,1}\,a_{nk,2}}\left(e^{-\frac{2\pi i}{h}W_1 t} - e^{-\frac{2\pi i}{h}W_2 t}\right).
\end{aligned}
$$

Für den Spezialfall gleicher Atome ergibt sich nach (185)

$$
(194)\quad
\begin{aligned}
S_{nk} &= \frac{1}{2}\left(e^{-\frac{2\pi i}{h}W_1 t} + e^{-\frac{2\pi i}{h}W_2 t}\right)\\
S_{kn} &= \frac{1}{2}\left(e^{-\frac{2\pi i}{h}W_1 t} - e^{-\frac{2\pi i}{h}W_2 t}\right).
\end{aligned}
$$

Daraus die Wahrscheinlichkeiten:

$$
(195)\quad
\begin{aligned}
|S_{nk}|^2 &= \frac{1}{2}\left[1 + \cos\frac{2\pi}{h}(W_1 - W_2)\,t\right]\\
|S_{kn}|^2 &= \frac{1}{2}\left[1 - \cos\frac{2\pi}{h}(W_1 - W_2)\,t\right].
\end{aligned}
$$

Diese Formeln stellen die Wahrscheinlichkeit dafür, „$n\,k$" oder „$k\,n$" zu finden, als Funktion der Zeit dar. Da $W_1 - W_2$ klein ist von der Ordnung der Wechselwirkungsenergie der Atome, so ändert sich die Wahrscheinlichkeit nur langsam. Kurze Zeit nach der ersten Messung (d. h. für sehr kleine Werte von t) ist es äußerst wahrscheinlich, wieder die Konfiguration $n\,k$ zu finden. Wartet man jedoch genau die Zeit $T = \frac{1}{2}\cdot\frac{h}{W_1 - W_2}$ bis zur zweiten Messung ab, so findet man mit Sicherheit die Konfiguration $k\,n$. Alle diese Betrachtungen gelten nur dann, wenn in der Zeit zwischen zwei Messungen das System wirklich ungestört, d. h. wirklich der Gleichung (191) unterworfen bleibt. Diese Bedingung ist zwar wieder trivial; da sie für die widerspruchsfreie Durchführbarkeit der Theorie von entscheidender Wichtigkeit ist, sei sie hier jedoch ausdrücklich erwähnt.

Die eben geschilderte Deutung der Transformationsmatrizen als Wahrscheinlichkeitsfunktionen gibt ein vollständiges Schema für die Anwendung der quantenmechanischen Mathematik auf alle physikalischen Probleme.

6. Partikelbild der Strahlung.

Nach der Einsteinschen Lichtquantentheorie kann man die Lichtstrahlung als Wirkung schnellfliegender Partikeln auffassen; ihre Geschwindigkeit ist stets c, zwischen Energie E und Impuls p der Lichtquanten besteht die Relation

$$E = c \cdot p. \tag{196}$$

Die Farbe des Lichtes ist durch die Energie E gegeben.

Lichtquanten können entstehen und verschwinden, ihre Anzahl ist also, im Gegensatz zur Partikeltheorie der Materie, variabel. Zwischen verschiedenen Lichtquanten besteht (solange man von der Gravitation absieht) keinerlei Wechselwirkung; doch ist die Wechselwirkung zwischen Lichtquanten und Materie für Absorption, Emission und Dispersion der Strahlung verantwortlich. Da diese Wechselwirkung in der klassischen Theorie nur bei Anwendung des Wellenbildes der elektromagnetischen Strahlung formuliert worden ist, scheint es zweckmäßig, vom Wellenbild aus zur Quantentheorie der Strahlung zu gelangen.

7. Quantenstatistik.

Wir betrachten ein System von n untereinander vollkommen gleichen, voneinander nicht unterscheidbaren Teilchen (Elektronen, Lichtquanten). Der Einfachheit halber setzen wir voraus, daß das System nur ein diskretes Eigenwertspektrum besitzen soll, ferner soll zunächst von der Wechselwirkung der Teilchen untereinander abgesehen werden. Das Problem kann dann so behandelt werden, daß man zuerst die Zustände und die dazugehörigen Eigenfunktionen $\psi_a(r)$ eines einzelnen Teilchens bestimmt und dann nach der Verteilung der n Teilchen über diese Zustände fragt. Um über die statistische Verteilung der Teilchen auf die einzelnen Zustände Aussagen zu machen, muß dabei zuerst eine Festsetzung getroffen werden über die a priori-Wahrscheinlichkeiten der Zustände oder besser darüber, was die möglichen Zustände des Gesamtsystems sein sollen.

In der klassischen Statistik (Boltzmann-Statistik) kann eine Verteilung von n Teilchen auf n verschiedene Zustände auf $n!$ verschiedene Weisen hergestellt werden. Diese Tatsache hat zur Folge, daß in der Quantentheorie jeder Verteilung von n Teilchen über n verschiedene Zustände ein $n!$-fach entarteter Term des Gesamtsystems entspricht. Die zugehörigen $n!$ linear unabhängigen Eigenfunktionen erhält man, indem man in dem Ausdruck

$$\psi_{\alpha_1}(r_{\beta_1})\,\psi_{\alpha_2}(r_{\beta_2})\ldots\psi_{\alpha_n}(r_{\beta_n}) \tag{197}$$

die $n!$ Permutationen der $r_{\beta_\varkappa}$ bei festgehaltenen α_i vornimmt.

An Stelle der Funktionen (197) kann man bekanntlich auch irgendein System von $n!$ linear unabhängigen Linearaggregaten von (197) zur Beschreibung unseres n-Körperproblems verwenden. Zu einem derartigen System von Eigenfunktionen wird man z. B. geführt, wenn man versucht, die Wechselwirkung der Teilchen untereinander nach 4 als Störung zu behandeln. Unter den so entstehenden $n!$ Linearaggregaten sollen hier zwei besonders einfach gebaute angegeben werden:

$$\sum_{\substack{\text{alle Per-}\\ \text{mutationen}}} \psi_{\alpha_1}(r_1)\,\psi_{\alpha_2}(r_2)\ldots\psi_{\alpha_n}(r_n) \tag{198}$$

und die Determinante

$$|\psi_{\alpha_i}(r_\varkappa)| \quad i,\varkappa = 1, 2\ldots n\,. \tag{199}$$

(198) bleibt bei irgendeiner Vertauschung zweier Teilchen ungeändert und wird als die symmetrische Eigenfunktion des Systems bezeichnet, (199) ändert bei Vertauschung zweier Teilchen lediglich sein Vorzeichen und heißt die antisymmetrische Eigenfunktion[32]). Setzen wir die ψ_α als normiert voraus und verlangen wir, daß auch die Eigenfunktionen des Gesamtsystems auf 1 normiert seien, so zeigt man leicht, daß (198) bzw. (199) mit dem Faktor $\sqrt{\frac{1}{n!}}$ zu multiplizieren ist.

Wir erläutern die Verhältnisse an dem einfachsten Beispiel $n = 2$. Dann gehört zu dem Zustand, bei dem sich ein Teilchen im Zustand α_1, das andere im Zustand α_2 befindet, ein doppelt entarteter Term und die beiden Eigenfunktionen

$$\psi_s(1,2) = \frac{1}{\sqrt{2}}\{\psi_{\alpha_1}(r_1)\,\psi_{\alpha_2}(r_2) + \psi_{\alpha_1}(r_2)\,\psi_{\alpha_2}(r_1)\}$$

$$\psi_a(1,2) = \frac{1}{\sqrt{2}}\{\psi_{\alpha_1}(r_1)\,\psi_{\alpha_2}(r_2) - \psi_{\alpha_1}(r_2)\,\psi_{\alpha_2}(r_1)\}\,.$$

Zunächst können wir leicht zeigen, daß zwischen Termen mit symmetrischen und Termen mit antisymmetrischen Eigenfunktionen Interkombinationen nicht auftreten. Die Wahrscheinlichkeit für derartige Übergänge ist nämlich stets durch ein Matrixelement von der Form

$$\int f(1, 2)\, \psi_s(1, 2)\, \psi_a(1, 2)\, d\tau_1\, d\tau_2 \tag{200}$$

gegeben, wobei $f(1, 2)$ eine Funktion ist, welche sich bei Vertauschen der beiden Teilchen nicht ändern darf, da sie nicht unterscheidbar sein sollen. Vertauschen wir nun in (200) die beiden Elektronen, so darf sich offenbar der Wert des Integrals nicht ändern, da in ihm lediglich die Bezeichnung der Integrationsvariablen geändert wird, andererseits ändert sich dabei das Vorzeichen von $\psi_a(1, 2)$, während alle anderen Größen im Integranden ungeändert bleiben. Somit muß (200) verschwinden.

Die eingehendere mathematische Untersuchung auf Grund der Darstellungstheorie[36]) zeigt, daß unser spezielles Resultat wie folgt verallgemeinert werden kann:

Die Terme eines Systems von n gleichen Teilchen lassen sich stets derart in einzelne Teilsysteme zerlegen, daß nur jeweils die Terme eines einzelnen Systems untereinander kombinieren. Insbesondere treten stets zwei derartige Termsysteme auf, deren Eigenfunktionen sich bei der Vertauschung irgend zweier Teilchen symmetrisch bzw. antisymmetrisch verhalten.

Dieses Resultat bleibt bei beliebiger Wechselwirkung der Teilchen bestehen, es hat lediglich zur Voraussetzung, daß die Wechselwirkung der Teilchen eine symmetrische Funktion der Elektronenkoordinaten ist.

Die Tatsache, daß zwischen zwei verschiedenen Termsystemen Interkombinationen nicht vorkommen können, ermöglicht es, daß ein einzelnes Termsystem für sich allein physikalisch realisiert sein kann.

Betrachten wir etwa das symmetrische Termsystem allein. Einer bestimmten Verteilung der Teilchen über die einzelnen Zustände des Einzelteilchens — wenn wir wieder die Wechselwirkung vernachlässigen — entspricht in diesem Termsystem nur eine einzige Eigenfunktion. Die im symmetrischen Termsystem repräsentierten Möglichkeiten entsprechen den Zuständen, welche in der Bose-Einsteinschen Statistik[33]) unterschieden werden.

In dem Termsystem, welches zu den antisymmetrischen Eigenfunktionen gehört, verschwinden diese außerdem noch immer dann, wenn zwei Teilchen in demselben Zustand sitzen. Dies ist der quantenmechanische Ausdruck für das für Elektronen und Protonen gültige

Paulische Verbot[34]) äquivalenter Bahnen. Die Termauswahl im antisymmetrischen System entspricht der Fermi-Dirac-Statistik[35]).

Die Quantenstatistik greift daher aus der möglichen Termmannigfaltigkeit eines n-Körperproblems ein einzelnes Termsystem, entweder mit symmetrischen oder mit antisymmetrischen Eigenfunktionen als allein realisiert heraus und ordnet jedem Term des so herausgegriffenen Systems die gleiche a priori-Wahrscheinlichkeit zu. Der erstere Fall entspricht der für Lichtquanten gültigen Bose-Einsteinschen Statistik, der letztere der Pauli-Fermi-Diracschen. Es verdient dabei besonders hervorgehoben zu werden, daß diese Formulierung auch bei beliebiger Wechselwirkung der Teilchen ihre Gültigkeit behält.

Bei der Anwendung des Paulischen Ausschließungsprinzips auf Elektronen oder Protonen ist dabei zu beachten, daß in $\psi_a(r_\varkappa)$ die Größe $r_\varkappa$ außer den drei Raumkoordinaten des $\varkappa$ ten Teilchens auch noch die vierte Variable respräsentiert, welche den Spin beschreibt und nur der beiden Werte $+\frac{1}{2}$ und $-\frac{1}{2}$ fähig ist.

Von der Formulierung der Quantenstatistik in der Quantentheorie des Wellenbildes wird weiter unten (S. 109) noch die Rede sein.

8. Wellenvorstellung der Materie und der Strahlung: klassische Theorie.

Dieser Abschnitt soll von den Lichtwellen und von denjenigen Materiewellen handeln, die den negativen Elektronen zugeordnet werden können. Die den Protonen zugeordneten Wellen können dann ähnlich behandelt werden. Ferner werden wir zunächst von den relativistischen Effekten absehen, also eine unrelativische Wellentheorie nach dem Vorgang von Schrödinger aufbauen. In dieser unrelativistischen Theorie ist es dann auch konsequent, in erster Näherung nur elektro*statische* Wirkungen zu berücksichtigen, also von magnetischen und Retardierungseffekten abzusehen.

Die Wellengleichung für Elektronenwellen gewinnt man am einfachsten aus der Schrödingerschen Differentialgleichung (192) im Konfigurationsraum. Für den Spezialfall eines einzigen Elektrons geht diese Gleichung (192) nämlich über in eine dreidimensionale Wellengleichung. Es liegt nahe, sie — zunächst versuchsweise — als die klassische, d. h. raumzeitliche Wellengleichung der Materie zu betrachten. Für ein Elektron besteht im Partikelbild die Energie aus kinetischer Energie:

$$E_{\mathrm{kin}} = \frac{1}{2\mu}(p_x^2 + p_y^2 + p_z^2)$$

und potentieller Energie:

$$E_{\mathrm{pot}} = -eV,$$

wo V das elektrostatische Potential bedeutet. Die magnetischen Kräfte und ihre Potentiale werden in dieser unrelativistischen Theorie konsequent vernachlässigt. Also wird die gesuchte Wellengleichung nach (169):

$$(201\,\mathrm{a}) \qquad + \frac{h^2}{8\pi^2\mu}\Delta\psi + eV\psi - \frac{h}{2\pi i}\frac{\partial\psi}{\partial t} = 0\,.$$

Hierzu die komplex konjugierte Gleichung:

$$(201\,\mathrm{b}) \qquad \frac{h^2}{8\pi^2\mu}\Delta\psi^* + eV\psi^* + \frac{h}{2\pi i}\frac{\partial\psi^*}{\partial t} = 0\,.$$

$\left(\Delta = \frac{\partial^2}{\partial x^2} + \frac{\partial^2}{\partial y^2} + \frac{\partial^2}{\partial z^2}\right)$ (μ = Ruh-Masse, $-e$ = Ladung des Elektrons).

Das durch diese Gleichungen charakterisierte Schema kann unter wesentlicher Abänderung seiner bisherigen physikalischen Interpretation als eine „klassische" Wellentheorie aufgefaßt werden. Ihm kann, wie etwa den Maxwellschen Gleichungen, ein anschauliches Raum-Zeitbild zugeordnet werden, da es nur Funktionen von x, y, z, t enthält. Von Elektronen ist in dieser Theorie dann nicht mehr die Rede, e und μ sind universelle Konstanten der Wellengleichung. Obwohl die Gleichungen (201) a und b aus der Theorie des Einelektronenproblems im Partikelbild gewonnen wurden, so sollen sie also im folgenden keineswegs etwa „für ein Elektron" gelten — das wäre ja im Wellenbilde sinnlos —, sondern universell für die „Wellen negativer Ladung". Daraus folgt sofort, daß in dieser anschaulichen Theorie (im Gegensatz zur Quantentheorie des Einelektronenproblems) das Potential V nicht etwa nur das Potential äußerer Kräfte darstellt; vielmehr enthält jetzt V auch den Beitrag von den Materiewellen selbst, d. h. die Rückwirkung der Wellen negativer Ladung auf sich selbst. Diese Theorie wird natürlich, ebensowenig wie die Maxwellsche Theorie des Lichtes, in Atomdimensionen mit den Experimenten in Einklang sein. Aber als korrespondenzmäßiges Analogon zur Quantentheorie der Wellen hat sie zweifellos großen heuristischen Wert.

Es sei zunächst der Spezialfall sehr kleiner Wellenamplitude, d. h. sehr geringer Materiedichte, und fehlender äußerer Kräfte behandelt. In diesem Falle verschwindet V in genügender Näherung und die Gleichung (201) lautet:

$$\frac{h^2}{8\pi^2\mu}\Delta\psi - \frac{h}{2\pi i}\frac{\partial\psi}{\partial t} = 0.$$

Sie hat zur Lösung irgendwelche ebenen Wellen der Form

$$\psi = e^{\frac{2\pi i}{h}(p_x x + p_y y + p_z z - Et)}, \tag{202}$$

wenn zwischen E und p_x, p_y, p_z die Relation besteht:

$$E = \frac{1}{2\mu}(p_x^2 + p_y^2 + p_z^2) = \frac{1}{2\mu}p^2.$$

Die Richtung der Wellennormale ist durch $\frac{p_x}{p}, \frac{p_y}{p}, \frac{p_z}{p}$ gegeben, die Wellenlänge ist

$$\lambda = \frac{h}{p}, \text{ die Frequenz } \nu = \frac{E}{h}. \tag{203}$$

Die Phasengeschwindigkeit v_φ der Wellen ist

$$v_\varphi = \frac{E}{p} = \frac{p}{2\mu},$$

die Gruppengeschwindigkeit v_g nach einfachen Sätzen der Optik

$$v_g = \frac{dE}{dp} = \frac{p}{\mu} = \frac{h}{\lambda\mu}. \tag{204}$$

Die Gleichungen (202) und (203) geben nach de Broglie[6]) Aufschluß über Interferenz- und Beugungsphänomene von Materiewellen sehr geringer Dichte. Besonders der Zusammenhang (204) zwischen Gruppengeschwindigkeit und Wellenlänge erlaubt eine Zuordnung von Wellenlängen zu bewegten Komplexen negativer Ladung ohne Umweg über das Partikelbild. Diese Theorie von de Broglie gibt demnach in einfacher Weise qualitativ Rechenschaft von den fundamentalen Experimenten von Davisson-Germer, Thomson, Rupp und anderen; in genauer Analogie hierzu gibt bekanntlich schon die klassische Mechanik eine befriedigende Erklärung der Wilsonschen Aufnahmen, der Ablenkungsversuche usw. Trotzdem wird man diese Erklärungen von Atomphänomenen durch klassische Theorien nur als Zeichen der korrespondenzmäßigen Ähnlichkeit der klassischen und der Quantentheorie deuten; in allen quantitativen Fragen muß man die Quantentheorie zu Rate ziehen.

Vorerst soll jedoch das klassische Wellenbild noch etwas weiter ausgeführt werden. Zu diesem Zwecke machen wir folgende Annahmen:

$$\text{Ladungsdichte } \varrho = -e\,\psi^*\psi$$

$$\text{(205)} \qquad \text{Stromdichte } \mathfrak{s} = -e\frac{h}{4\pi i}(\psi^* \operatorname{grad}\psi - \psi \operatorname{grad}\psi^*)$$

$$\text{Energiedichte } u = \frac{h^2}{8\pi^2\mu}\cdot \operatorname{grad}\psi^* \operatorname{grad}\psi\,.$$

Die eigentliche Rechtfertigung für diese Ansätze kann erst später in der Quantentheorie der Wellen gefunden werden. Immerhin können zum Verständnis der Annahmen (205) folgende Erhaltungssätze aus (201) hergeleitet werden:

$$\text{a)} \quad \frac{d}{dt}\int \varrho\, dv = 0 \text{ (Erhaltung der Ladung)},$$

$$\text{(206)} \quad \text{b)} \quad \frac{d}{dt}\int \mathfrak{s}\, dv = -e\cdot\int \operatorname{grad} V\cdot\psi^*\psi\, dv \text{ (Impulssatz)},$$

$$\text{c)} \quad \frac{d}{dt}\int u\, dv = \int e V \frac{\partial}{\partial t}(\psi^*\psi)\, dv \text{ (Energiesatz)}.$$

Hierin bedeutet dv das Volumenelement; die Integrale sind über den ganzen Raum zu erstrecken. Dabei ist angenommen, daß im Unendlichen die Wellenfunktionen hinreichend verschwinden, so daß bei partieller Integration die Randglieder fortfallen. Zur Herleitung von (206 a) multipliziere man (201 a) mit ψ^* und (201 b) mit ψ, subtrahiere und integriere über den ganzen Raum. Zum Beweis von (206 b) multipliziere man (201 a) mit $\frac{\partial\psi^*}{\partial x}$, differenziere (201 b) nach x und multipliziere mit ψ. Die eine Gleichung wird wieder von der anderen subtrahiert, danach über den ganzen Raum integriert. Zur Herleitung von (206 c) schließlich multipliziert man (201 a) mit $\frac{\partial\psi^*}{\partial t}$, (201 b) mit $\frac{\partial\psi}{\partial t}$, addiert und integriert über den Raum.

Außer den Wellen negativer Ladung können noch andere elektrische Ladungen im Raum vorhanden sein, z. B. die Atomkerne, geladene

Kondensatoren usw. Die ihnen entsprechende Ladungsdichte heiße ϱ_0. Das elektrische Potential V bestimmt sich dann nach der bekannten elektrostatischen Gleichung

$$\operatorname{div} \mathfrak{E} = 4\pi(\varrho + \varrho_0) \quad \text{oder} \quad \Delta V = -4\pi(\varrho + \varrho_0). \tag{207}$$

Die Gleichungen (201 a, b) und (207) können zusammen aus einem Variationsprinzip hergeleitet werden. Wir setzen

$$\begin{aligned} L = &-\frac{h^2}{8\pi^2\mu}\operatorname{grad}\psi^* \operatorname{grad}\psi - \frac{h}{4\pi i}\left(\frac{\partial\psi}{\partial t}\psi^* - \frac{\partial\psi^*}{\partial t}\psi\right) \\ &+ eV\psi\psi^* - \varrho_0 V + \frac{1}{8\pi}(\operatorname{grad} V)^2 \\ &\int L\,dv\,dt = \text{Extrem.} \end{aligned} \tag{208}$$

Variation der ψ^* bzw. ψ gibt (201 a) bzw. (201 b), Variation von V gibt Gleichung (207).

Die Gesamtenergie des Systems setzt sich zusammen aus der Energie der Materiewellen und der Energie des elektrostatischen Feldes. Es ergibt sich also für die Gesamtenergiedichte $\mathfrak{H}$:

$$\mathfrak{H} = \frac{h^2}{8\pi^2\mu}\operatorname{grad}\psi^* \operatorname{grad}\psi + \frac{1}{8\pi}(\operatorname{grad} V)^2. \tag{209}$$

Es gilt dann der Energiesatz für das ganze System:

$$\overline{H} = \int \mathfrak{H}\,dv = \text{const.}, \tag{210}$$

wenn ϱ_0 zeitlich konstant ist.

Es folgt nämlich aus (209), (207) und (206 c):

$$\begin{aligned} \frac{d\overline{H}}{dt} &= \int dv \left[\frac{\partial u}{\partial t} - \frac{1}{4\pi}V\frac{\partial}{\partial t}\Delta V\right] \\ &= \int dv \left[\frac{\partial u}{\partial t} - V\frac{\partial}{\partial t}(e\psi^*\psi)\right] = 0. \end{aligned} \tag{211}$$

Diese in sich geschlossene, nach Art der klassischen Theorien raumzeitliche Feldtheorie enthält bisher noch kein einziges quantentheoretisches Element. Dies geht insbesondere daraus hervor, daß die gesamte Ladung des Systems

$$\int \varrho\,dv = -e\int \psi^*\psi\,dv \tag{212}$$

aller beliebigen Werte fähig ist, was ja sicherlich der Erfahrung widerspricht. (In Wirklichkeit ist die Gesamtladung stets ein ganzzahliges Vielfaches von $-e$.) Auch die Energiewerte des Systems und die Eigenfrequenzen sind in dieser Theorie kontinuierlich variabel. (Wegen der Nichtlinearität der Differentialgleichung hängen die Eigenfrequenzen von den Amplituden der ψ ab.) Trotzdem kann man auch diese klassische Feldtheorie genau so nützlich verwenden, wie die klassische Mechanik für die Atommodelle des Partikelbildes. Genau wie es Bohr und Sommerfeld gelang, durch Hinzufügen von Quantenbedingungen der Form $\int p_k \, d\, q_k = n_k h$ zur klassischen Mechanik qualitativen Aufschluß über die Atomspektren zu gewinnen, so ist auch Hartree[37]) eine qualitative Berechnung der Atomspektra durch Hinzufügen von Quantenbedingungen zur eben geschilderten Feldtheorie gelungen*). Die Hartreeschen Quantenbedingungen heißen $\int \psi_k^* \psi_k \, d\, v = n_k$, wo n_k eine ganze Zahl ist und der Index k sich auf die Eigenschwingungen des Wellensystems bezieht. Eine konsequente Anwendung der einzelnen Quantenbedingungen ist auch hier nur möglich, wenn man von den periodischen Schwankungen in V absieht — in genauer Analogie zu entsprechenden Schwierigkeiten im Fall des Partikelbildes. Es ist charakteristisch, daß die beschriebene Feldtheorie wegen der Nichtlinearität der Differentialgleichungen vom mathematisch-prinzipiellen Standpunkt aus ebenso schwierig zu behandeln ist, wie die klassische Mechanik; jedenfalls viel schwieriger, als die Quantentheorie des Feldes oder die Quantentheorie des Partikelbildes.

Über die klassische Wellentheorie der Strahlung brauche ich wohl hier kein Wort zu verlieren. Es ist die wohlbekannte Maxwellsche Theorie. Sie enthält keine quantentheoretischen Elemente; als Zeichen dafür kann man ansehen, daß $\int d\, v\, (\mathfrak{E}^2 + \mathfrak{H}^2)$ kontinuierlich variabel ist. Wieder kann man diesem Übelstand durch Quantenbedingungen nach Art der Hartreeschen abzuhelfen suchen. Man erreicht dann, daß die Energie nur diskontinuierlicher Änderungen $h\nu$ fähig wird. Aber man dringt damit noch nicht zur Quantentheorie des Feldes vor.

9. Quantentheorie der Wellenfelder[38]).

Die mathematischen Hilfsmittel für die Quantentheorie der Wellenfelder können in vollkommener Analogie zur Quantenmechanik ge-

*) Eine gute Annäherung an die quantentheoretischen Gesetze erhält man, wie Hartree gezeigt hat, allerdings erst dann, wenn man die Rückwirkung eines Elektrons auf sich selbst aus den Gleichungen streicht.

wonnen werden, wenn man vorher die klassische Wellentheorie in eine Form bringt, die der Hamiltonschen klassischen Mechanik analog ist. Es sei angenommen, daß die zu betrachtende klassische Wellentheorie aus einem Extremalprinzip hergeleitet werden kann. Die Lagrangesche Funktion dieses Extremalprinzips möge die Wellenfunktionen $\psi_\alpha\,[\psi_\alpha = \psi_\alpha(x, y, z, t);\ \alpha = 1, 2 \ldots f]$, ihre ersten räumlichen Ableitungen $\frac{\partial \psi_\alpha}{\partial x_i}$ $(i = 1, 2, 3)$ und ihre ersten zeitlichen Ableitungen $\frac{\partial \psi_\alpha}{\partial t} = \dot{\psi}_\alpha$ enthalten. Es soll also gelten:

$$\int L\left(\psi_\alpha, \frac{\partial \psi_\alpha}{\partial x_i}, \dot{\psi}_\alpha\right) d v\, d t = \text{Extrem.} \tag{213}$$

Bekanntlich kann ein mechanisches System durch das Hamiltonsche Prinzip:

$$\int L\,(q_k, \dot{q}_k)\, d t = \text{Extrem.} \tag{214}$$

charakterisiert werden. Um eine formale Ähnlichkeit zwischen (213) und (214) herbeizuführen, setzen wir

$$\overline{L}\left(\psi_\alpha, \frac{\partial \psi_\alpha}{\partial x_i}, \dot{\psi}_\alpha\right) = \int L\left(\psi_\alpha, \frac{\partial \psi_\alpha}{\partial x_i}, \dot{\psi}_\alpha\right) d v\,. \tag{215}$$

Dann soll gelten

$$\int \overline{L}\left(\psi_\alpha, \frac{\partial \psi_\alpha}{\partial x_i}, \dot{\psi}_\alpha\right) d t = \text{Extrem.} \tag{216}$$

Während nun $L\,(q_k, \dot{q}_k)$ abhängt von den sämtlichen Werten q_k und ihren zeitlichen Ableitungen, ist $\overline{L}\left(\psi_\alpha, \frac{\partial \psi_\alpha}{\partial x_i}, \dot{\psi}_\alpha\right)$ gegeben durch die Werte der ψ_α und $\dot{\psi}_\alpha$ an sämtlichen Punkten des Raumes. Um die Analogie zwischen $L\,(q_k, \dot{q}_k)$ und $\overline{L}\left(\psi_\alpha, \frac{\partial \psi_\alpha}{\partial x_i}, \dot{\psi}_\alpha\right)$ herzustellen, muß man also den Punkt P des Raumes als *Index* der Wellenfunktion auffassen. Sie hat dann zweierlei Indizes, einen diskret veränderlichen Index α und einen kontinuierlich veränderlichen Index P (oder richtiger deren drei, nämlich x, y, z). In Analogie zu

$$\frac{\partial L\,(q_i, \dot{q}_i)}{\partial q_k} = \lim_{\Delta q \to 0} \frac{L\,(q_i + \delta_{ik}\, \Delta\, q, \dot{q}_i) - L\,(q_i, \dot{q}_i)}{\Delta\, q} \tag{217}$$

definieren wir ferner

$$\frac{\delta \overline{L}\left(\psi_\beta^{(P')}, \frac{\partial \psi_\beta^{(P')}}{\partial x_i}, \dot{\psi}_\beta^{(P')}\right)}{\delta \psi_\alpha^{(P)}} = \lim_{\Delta\psi=0} \frac{1}{\Delta\psi}\Big\{L\Big(\psi_\beta^{(P')} + \delta_{\alpha\beta}\,\delta(P-P')\,\Delta\psi;$$

(218)

$$\frac{\partial}{\partial x_i}\left[(\psi_\beta^{(P')} + \delta_{\alpha\beta}\,\delta(P-P')\,\Delta\psi\right];\ \dot{\psi}_\beta^{(P')}\Big) - L\left(\psi_\beta^{(P')};\ \frac{\partial \psi_\beta}{\partial x_i};\ \dot{\psi}_\beta\right)\Big\}.$$

Hierbei ist $\delta(P-P')$ in Analogie zur Diracschen δ-Funktion (vgl. S. 84) definiert durch

(219)
$$\delta(P-P') = 0 \text{ für } P \neq P';$$
$$\int \delta(P-P')\, d v_P = 1 \text{ oder } 0,$$

je nachdem das Integrationsvolumen den Punkt P' enthält, oder nicht. Es gilt nach (215)

(220)
$$\frac{\delta \overline{L}}{\delta \psi_\alpha} = \frac{\partial L}{\partial \psi_\alpha} - \sum_i \frac{\partial}{\partial x_i} \frac{\partial L}{\partial \frac{\partial \psi_\alpha}{\partial x_i}}.$$

$\frac{\delta \overline{L}}{\delta \psi_\alpha}$ bedeutet also die Variationsableitung von $\overline{L}$.

Aus (216) gehen durch Variation die Wellengleichungen

(221)
$$\frac{\partial L}{\partial \psi_\alpha} - \sum_i \frac{\partial}{\partial x_i} \frac{\partial L}{\partial \frac{\partial \psi}{\partial x_i}} - \frac{\partial}{\partial t}\frac{\partial L}{\partial \dot{\psi}_\alpha} = 0$$

hervor.

Da trivialerweise gilt:

(222)
$$\frac{\delta \overline{L}}{\delta \dot{\psi}_\alpha} = \frac{\partial L}{\partial \dot{\psi}_\alpha},$$

so geht (221) über in

(223)
$$\frac{\delta \overline{L}}{\delta \psi_\alpha} - \frac{\partial}{\partial t}\frac{\delta \overline{L}}{\delta \dot{\psi}_\alpha} = 0,$$

in vollständiger Analogie zu den Lagrangeschen Gleichungen der klassischen Mechanik. Wir definieren daher eine zur Wellenfunktion ψ_α kanonisch konjugierte Impulsfunktion Π_α nach der Gleichung:

(224)
$$\Pi_\alpha = \frac{\delta \overline{L}}{\delta \dot{\psi}_\alpha} = \frac{\partial L}{\partial \dot{\psi}_\alpha},$$

und führen eine Hamiltonsche Funktion ein in der üblichen Weise

$$\bar{H} = \int d v \sum \Pi_a \dot{\psi}_a - \bar{L} \tag{225}$$

oder

$$H = \sum_a \Pi_{\bar{a}} \dot{\psi}_a - L; \quad \bar{H} = \int H d v. \tag{226}$$

Es gilt dann, wie in der klassischen Mechanik

$$\dot{\psi}_a = \frac{\delta \bar{H}}{\delta \Pi_a}; \quad \dot{\Pi}_a = -\frac{\delta \bar{H}}{\delta \psi_a}, \tag{227}$$

Hieraus läßt sich der Energiesatz herleiten:

$$\frac{d \bar{H}}{d t} = 0. \tag{228}$$

Ferner gelten die Erhaltungssätze:

$$\frac{d}{d t} \int \sum_a \Pi_a \frac{\partial \psi_a}{\partial x_i} d v = 0. \quad (i = 1, 2, 3). \tag{229}$$

Es folgt nämlich aus (227):

$$\begin{aligned} \frac{d}{d t} \int d v \sum_a \Pi_a \frac{\partial \psi_a}{\partial x_i} &= \int d v \cdot \sum_a \left[\Pi_a \frac{\partial}{\partial x_i} \frac{\delta \bar{H}}{\delta \Pi_a} - \frac{\partial \psi_a}{\partial x_i} \frac{\delta \bar{H}}{\delta \psi_a} \right] \\ &= -\int d v \sum_a \left[\frac{\partial \Pi_a}{\partial x_i} \frac{\delta \bar{H}}{\delta \Pi_a} + \frac{\partial \psi_a}{\partial x_i} \frac{\delta \bar{H}}{\delta \psi_a} \right] = -\int d v \frac{\partial H}{\partial x_i} = 0. \end{aligned} \tag{230}$$

Die Gleichungen (229) bedeuten die Erhaltung des Impulses. In der Ableitung von (228) und (229) ist vorausgesetzt, daß H außer den Funktionen Π_a und ψ_a keine anderen Raum- oder Zeitfunktionen mehr enthält.

Der Übergang von der klassischen Theorie zur Quantentheorie ist jetzt ohne Schwierigkeiten in Analogie zu M. Kap. 1 zu vollziehen. Man betrachtet die Wellenfunktionen als nichtkommutative Variabeln, die sich als Matrizen (in geeignet gewählten Koordinatensystemen im Hilbertschen Raum) darstellen lassen. Zu den Differentialgleichungen (227) fügt man (vgl. 147) die Vertauschungsrelationen:

$$\begin{aligned} &\Pi_a(P) \psi_\beta(P') - \psi_\beta(P') \Pi_a(P) = \delta_{a\beta} \delta(P - P') \frac{h}{2 \pi i} \\ &\Pi_a(P) \Pi_\beta(P') - \Pi_\beta(P') \Pi_a(P) = 0 \\ &\psi_a(P) \psi_\beta(P') - \psi_\beta(P') \psi_a(P) = 0. \end{aligned} \tag{231}$$

In dieser Quantentheorie der Wellenfelder sind die Raum-Zeitkoordinaten x, y, z, t Parameter, d. h. Zahlen im gewöhnlichen Sinne und daher mit jeder anderen Größe vertauschbar.

Wieder gelten, wie man ohne Schwierigkeiten mit Hilfe der Vertauschungsrelationen verifiziert, die Erhaltungssätze

$$\bar{H} = \text{const}; \int \sum_{\alpha} \Pi_\alpha \frac{\partial \psi_\alpha}{\partial x_i} d v = \text{const}. \tag{232}$$

Der einfachste Weg zur mathematischen Behandlung eines durch (227) und (231) definierten quantentheoretischen Wellenproblems ist die Entwicklung der Wellen nach einem geeignet gewählten Orthogonalsystem:

$$\psi_\alpha = \sum_r a_r(t)\, u_\alpha^r(P); \quad \Pi_\alpha = \sum_r b_r(t) \cdot u_\alpha^r(P). \tag{233}$$

Die $u_\alpha^r(P)$ stellen das willkürlich wählbare Orthogonalsystem dar; die $u_\alpha^r(P)$ sind also gewöhnliche Funktionen (c-Zahlen) des Raumes; die a_r dagegen nichtkommutative zeitabhängige Variable.

Setzt man (233) in die V. R. (231) ein, multipliziert beide Seiten der Gleichungen mit $u_\alpha^s(P)\, u_\beta^t(P')$, integriert über P und P', summiert über α und β, so erhält man als V. R. der a und b:

$$\begin{aligned} b_s a_t - a_t b_s &= \frac{h}{2\pi i} \cdot \delta_{st}. \\ a_s a_t - a_t a_s &= 0 \\ b_s b_t - b_t b_s &= 0. \end{aligned} \tag{234}$$

Hierbei werden die Orthogonalitätsrelationen der u_α^r benützt:

$$\int d v_P \sum_\alpha u_\alpha^r(P)\, u_\alpha^s(P) = \delta_{rs}. \tag{235}$$

Die Gleichungen (234) sind völlig äquivalent den Vertauschungsrelationen (231). Auch die Hamiltonsche Funktion $\bar{H}$ kann geschrieben werden als Funktion der a_r und b_r. Der einzige formale Unterschied der Quantentheorie der Wellenfelder von der Quantenmechanik besteht darin, daß die Anzahl der Variabeln in der Wellentheorie unendlich, in der Partikeltheorie endlich ist.

10. Anwendung auf die Wellen negativer Ladung.

Die klassische Lagrangefunktion der Wellen negativer Ladung heißt nach (208)

$$L = -\frac{h^2}{8\pi^2\mu}\operatorname{grad}\psi^*\operatorname{grad}\psi + \frac{1}{8\pi}(\operatorname{grad} V)^2 \tag{236}$$
$$+ e V \psi^*\psi - V\varrho_0 - \frac{h}{4\pi i}\left(\frac{\partial\psi}{\partial t}\psi^* - \frac{\partial\psi^*}{\partial t}\psi\right);$$

teilt man V ein in V_0 und V_1 nach den Beziehungen

$$\Delta V_0 = -4\pi\varrho_0;\quad \Delta V_1 = 4\pi e\psi^*\psi, \tag{237}$$

so kann man durch Addition von totalen Raum- oder Zeitdifferentialen L modifizieren und in die folgende Form bringen:

$$L = -\frac{h^2}{8\pi^2\mu}\operatorname{grad}\psi^*\operatorname{grad}\psi - \frac{h}{2\pi i}\frac{\partial\psi}{\partial t}\psi^* \tag{238}$$
$$+ \frac{1}{8\pi}(\operatorname{grad} V_1)^2 + e(V_0 + V_1)\psi^*\psi.$$

Hierin sind additive zeitliche Konstanten, die nur von ϱ_0 abhängen, weggelassen, in L von (238) soll also nur noch ψ, ψ^* und V_1 variiert werden.

Die zeitliche Ableitung von V_1 kommt in (238) nicht vor, so daß es nicht möglich ist, V_1 als selbständige Wellenfunktion im Sinne des vorhergehenden Abschnitts zu behandeln; denn es würde die zu V_1 kanonisch konjugierte Impulsfunktion verschwinden, die Einführung von V. R. nach (231) wäre dann unmöglich. Der einfachste Ausweg aus dieser Schwierigkeit ist, die durch Variation von V_1 gewonnene Wellengleichung als Nebenbedingung zu betrachten und mit ihrer Hilfe V_1 als Funktion von ψ^* und ψ auszudrücken.

Aus

$$\Delta V_1 = 4\pi e\psi^*\psi$$

folgt

$$V_1(P) = -e\int G(PP')\,\psi^*(P')\,\psi(P')\,d v_{P'}. \tag{239}$$

Hierin bedeutet $G(P\,P')$ die Greensche Funktion des Raumes, in dem der Wellenvorgang sich abspielt, also im allgemeinen einfach die Funktion $\frac{1}{r_{P\,P'}}$.

Aus (238) wird dann, wieder nach Umformung durch Addition totaler Differentiale:

$$L = -\frac{h^2}{8\,\pi^2\,\mu}\operatorname{grad}\psi^*\operatorname{grad}\psi - \frac{h}{2\,\pi\,i}\,\frac{\partial\,\psi}{\partial\,t}\,\psi^* + e\,V_0\,\psi^*\,\psi$$
$$(240)\qquad - \frac{e^2}{2}\int d\,v_{P'}\,\psi^*(P)\,\psi(P)\,\psi^*(P')\,\psi(P')\,G(P\,P')\,.$$

Wir finden als zu ψ kanonisch konjugierten Impuls

$$\Pi = \frac{\partial\,L}{\partial\,\dot\psi} = -\frac{h}{2\,\pi\,i}\,\psi^*,$$

Die Hamiltonsche Funktion lautet:

$$H = -\frac{h}{2\,\pi\,i}\,\psi^*\,\frac{\partial\,\psi}{\partial\,t} - L \text{ und}$$

$$\overline{H} = \int d\,v\left[\frac{h^2}{8\,\pi^2\,\mu}\operatorname{grad}\psi^*\operatorname{grad}\psi - e\,V_0\,\psi^*\,\psi\right]$$
$$(241)\qquad + \frac{e^2}{2}\iint d\,v_P\,d\,v_{P'}\,G(P\,P')\,\psi^*(P)\,\psi(P)\,\psi^*(P')\,\psi(P')\,.$$

Der Übergang zur Quantentheorie geschieht durch Einführung der Vertauschungsrelationen zwischen Π und ψ:

$$\psi(P)\,\psi^*(P') - \psi^*(P')\,\psi(P) = \delta(P - P')$$
$$(242)\qquad \psi(P)\,\psi(P') - \psi(P')\,\psi(P) = 0$$
$$\psi^*(P)\,\psi^*(P') - \psi^*(P')\,\psi^*(P) = 0\,.$$

Die Hamiltonsche Funktion kann man wieder direkt aus der klassischen Theorie (241) übernehmen, jedoch ist durch die klassische Theorie die Reihenfolge der Faktoren, die jetzt wichtig ist, *nicht* festgelegt. Die korrekte Form der Hamiltonschen Funktion läßt sich also, soweit es die Reihenfolge der Faktoren betrifft, nur aus der Erfahrung entnehmen.

Jordan und Klein haben gefunden, daß die korrekte Hamiltonfunktion der Materiewellen lautet:

$$\bar{H} = \int dv \left[\frac{h^2}{8\pi^2\mu} \operatorname{grad}\psi^* \operatorname{grad}\psi - e V_0 \psi^* \psi\right] \tag{243}$$
$$+ \frac{e^2}{2} \iint d v_P \, d v_{P'} \, G(P P') \, \psi^*(P) \, \psi^*(P') \, \psi(P) \, \psi(P') .$$

Es sei noch bemerkt, daß die Behauptung, ψ^* sei komplex konjugiert zu ψ, einige Vorsicht erheischt. Wenn z. B. ψ als Funktion hermitischer Matrizen gegeben ist, so geschieht der Übergang von ψ zu ψ^* nicht nur dadurch, daß i in $-i$ verwandelt wird. Vielmehr muß wegen des hermitischen Charakters der Matrizen auch die Multiplikationsreihenfolge geändert werden. (Es gilt $(p\,q)^* = q^* \cdot p^*$.)

Auch in der Quantentheorie der Materiewellen ist die Gesamtladung der Materie $-e\int d v \psi^* \psi$ zeitlich konstant, was man am einfachsten dadurch beweist, daß sie mit $\bar{H}$ vertauschbar ist. Wir wollen zeigen, daß die Eigenwerte der Matrix $\int d v \psi^* \psi$ positive ganze Zahlen sind, wie es vom Experiment gefordert wird. Nach (233) setzen wir

$$\psi = \Sigma a_r u_r(P); \quad \psi^* = \Sigma a_r^* u_r^*(P); \quad \int u_r u_s^* d v = \delta_{rs}. \tag{244}$$

Aus (242) folgt dann

$$\begin{cases} a_r a_s^* - a_s^* a_r = \delta_{sr} \\ a_r a_s - a_s a_r = 0 \\ a_r^* a_s^* - a_s^* a_r^* = 0 . \end{cases} \tag{245}$$

Diese Gleichungen werden befriedigt durch:

$$a_r = e^{-\frac{2\pi i}{h}\Theta_r} N_r^{\frac{1}{2}}; \quad a_r^* = N_r^{\frac{1}{2}} e^{+\frac{2\pi i}{h}\Theta_r}, \tag{246}$$

wobei N_r und Θ_r hermitische Operatoren sind, die den V. R. genügen

$$e^{-\frac{2\pi i}{h}\Theta_r} f(N_r) = f(N_r + 1)\, e^{-\frac{2\pi i}{h}\Theta_r} . \tag{247}$$

Die Eigenwerte der Matrix N_r sind die positiven ganzen Zahlen. Ferner folgt nach (246)

$$\int d v \psi^* \psi = \int d v \sum_{rs} a_r^* a_s u_r^* u_s = \Sigma a_r^* a_r = \Sigma N_r . \tag{248}$$

Die Quantentheorie der Materiewellen erklärt also zwanglos die Tatsache, daß die Ladung stets ein ganzzahliges Vielfaches einer Grundeinheit ist. Daß es nur *eine* solche Grundeinheit von ganz bestimmter Größe gibt, vermag sie allerdings nicht zu erklären. Die Hartreeschen Quantenbedingungen sind das korrespondenzmäßige Analogon der V. R. (242). Da ΣN_r eine Integrationskonstante von (227) ist, so kann man speziell diejenigen stationären Zustände des Systems betrachten, bei denen ΣN_r den Wert N hat. Übrigens bleibt ΣN_r selbst dann konstant, wenn V_0 von der Zeit abhängt. Jordan und Klein haben bewiesen, daß die Lösungen von (243), die zu $\Sigma N_r = N$ gehören, mathematisch und physikalisch äquivalent sind den Lösungen des N-Elektronenproblems der Partikeltheorie, die aus M. Kap. 2 gewonnen werden. Allerdings nicht *allen* Lösungen dieses N-Elektronenproblems. Vielmehr müssen aus den möglichen Lösungen diejenigen ausgewählt werden, bei denen die Transformationsfunktion ψ symmetrisch in den Elektronenkoordinaten ist. Diese Lösungen bilden zusammen ein abgeschlossenes Termsystem und zwar dasjenige, das der Bose-Einsteinschen Statistik entspricht. Aus der Quantentheorie der Materiewellen, d. h. aus den V. R. (242) folgt also die Bose-Einsteinstatistik für das betreffende Partikelbild. Die V. R. (242) stellen aber nur *eine* spezielle Möglichkeit für die Quantentheorie der Wellenfelder dar. Eine andere gleichberechtigte Möglichkeit ergibt sich, wenn man in allen V. R. das negative Zeichen durch das positive ersetzt; d. h.

$$\begin{aligned} \psi(P)\,\psi^*(P') + \psi^*(P')\,\psi(P) &= \delta(P - P') \\ \psi(P)\,\psi(P') + \psi(P')\,\psi(P) &= 0 \\ \psi^*(P)\,\psi^*(P') + \psi^*(P')\,\psi^*(P) &= 0. \end{aligned} \tag{249}$$

Nach Jordan und Wigner entsprechen der so gewonnenen Quantentheorie der Materiewellen diejenigen Lösungen der Schrödingergleichung der Partikeltheorie, deren Transformationsfunktion antisymmetrisch in den Elektronenkoordinaten ist. D. h. die Vertauschungsrelationen (249) führen zum Paulischen Ausschließungsprinzip bzw. zur Fermi-Diracschen Statistik für das Partikelbild.

11. Beweis der mathematischen Äquivalenz der Quantentheorie des Partikelbildes und der Quantentheorie des Wellenbildes.

Die Tatsache, daß Partikelbild und Wellenbild zwei verschiedene Erscheinungsformen ein- und derselben physikalischen Realität sind, bildet das zentrale Problem der Quantentheorie. Es ist befriedigend, daß auch im mathematischen Apparat der Theorie eine vollkommene Analogie zur eben betrachteten Doppelnatur der Atomphänomene existiert. Sie besteht darin, daß ein und dasselbe mathematische Schema einmal als Quantentheorie des Partikelbildes, einmal als Quantentheorie des Wellenbildes interpretiert werden kann.

Wir führen den Beweis hierfür allgemein, ohne uns auf eine bestimmte Hamiltonsche Funktion zu spezialisieren. Die Schrödingergleichung des Partikelbildes soll folgende Form haben:

$$\left\{\sum_n O^n + \sum_{n>m} O^{nm} + \ldots + \frac{h}{2\pi i}\cdot\frac{\partial}{\partial t}\right\}\varphi(\mathfrak{r}_1, \mathfrak{r}_2 \ldots \mathfrak{r}_N) = 0. \tag{250}$$

Hierin sei O^n ein Operator, der auf die Raumkoordinaten *eines* Teilchens (des $n$ten), O^{nm} ein Operator, der auf die Raumkoordinaten zweier Teilchen (des n-ten und m-ten) wirkt usw. Ferner sei ein Orthogonalsystem $u_r(\mathfrak{r})$ vorgegeben, nach dem jede physikalisch in Betracht kommende Funktion des dreidimensionalen Raumes, die den Grenzbedingungen genügt, entwickelt werden kann. Dann läßt sich $\varphi(\mathfrak{r}_1 \ldots \mathfrak{r}_N)$ entwickeln nach Produkten dieser Orthogonalfunktionen

$$\varphi(\mathfrak{r}_1 \ldots \mathfrak{r}_N) = \sum_{r_1 \ldots r_N} b(r_1, r_2, \ldots r_N, t)\, u_{r_1}(\mathfrak{r}_1)\, u_{r_2}(\mathfrak{r}_2) \ldots u_{r_N}(\mathfrak{r}_N). \tag{251}$$

$|b^2|$ kann aufgefaßt werden als die Wahrscheinlichkeit, Elektron (1) im Zustand r_1, Elektron (2) im Zustand r_2 usw. vorzufinden.

Setzen wir diesen Wert (251) für φ in (250) ein, multiplizieren die Gleichung (250) auf der linken Seite mit $u_{s_1}(\mathfrak{r}_1)\, u_{s_2}(\mathfrak{r}_2) \ldots u_{s_N}(\mathfrak{r}_N)$ und integrieren über $\mathfrak{r}_1, \mathfrak{r}_2 \ldots \mathfrak{r}_N$, so erhalten wir vermöge der Orthogonalitätsrelationen:

$$\begin{aligned} 0 = {} & \frac{h}{2\pi i}\frac{\partial}{\partial t} b(s_1, s_2 \ldots s_N) + \sum_{n, r_n}\sum O^n_{s_n, r_n}\, b(s_1 \ldots r_n \ldots s_N) \\ & + \sum_{n>m}\sum_{r_n, r_m} O^{nm}_{s_n s_m; r_n r_m}\, b(s_1 \ldots r_n \ldots r_m \ldots s_N) + \ldots \end{aligned} \tag{252}$$

Hierin bedeuten $O^n_{s_r, r_n}$ bzw. $O^{nm}_{s_n s_m; r_n r_m}$ die Matrixelemente der betreffenden Operatoren im Koordinatensystem, das durch die Orthogonalfunktionen u_r charakterisiert ist. Wegen der Symmetrie der Hamiltonschen Funktion in den Teilchen hängen die Zahlwerte der betreffenden Matrixelemente nur von den Buchstaben r, s, nicht von n oder m ab. Da die $b(s_1 \ldots)$ im Fall der Bose-Einstein-Statistik symmetrisch sind in den Teilchenquantenzahlen, kann man als Argumente der b auch die Anzahlen N_r der Teilchen im Zustand r verwenden. Da die a priori-Wahrscheinlichkeit, N_1 Teilchen im Zustand 1 usw. zu finden, durch $\frac{N!}{N_1!\,N_2!\ldots}$ gegeben ist, führen wir ein

$$b(N_1, N_2 \ldots) = \left(\frac{N!}{N_1!\,N_2!\ldots}\right)^{\frac{1}{2}} b(r_1, r_2 \ldots). \tag{252a}$$

Nach (247) führen wir ferner einen Operator $e^{-\frac{2\pi i}{h}\Theta_r}$ ein, der N_r in $N_r + 1$ überführt.

Es wird dann aus (252), wenn man die Summation über n und m ausführt:

$$0 = \left\{\frac{h}{2\pi i}\frac{\partial}{\partial t} + \sum_{s,r} N_s O_{s,r}\, e^{\frac{2\pi i}{h}(\Theta_s - \Theta_r)} + \frac{1}{2}\sum_{ss',rr'} N_s(N_{s'} - \delta_{ss'}) O_{ss',rr'} \right.$$
$$\left. \cdot\, e^{\frac{2\pi i}{h}(\Theta_s + \Theta_{s'} - \Theta_r - \Theta_{r'})} + \cdots\right\}\left(\frac{N_1!\,N_2!\cdots}{N!}\right)^{\frac{1}{2}} b(N_1\cdots). \tag{253}$$

Durch Multiplikation mit $\left(\frac{N!}{N_1!\ldots}\right)^{\frac{1}{2}}$ auf der linken Seite und durch Verschieben der Operatoren $e^{\frac{2\pi i}{h}\Theta}$ nach rechts erhält man schließlich:

$$0 = \left\{\frac{h}{2\pi i}\frac{\partial}{\partial t} + \sum_{s,r} N_s^{\frac{1}{2}} \cdot (N_r - \delta_{rs} + 1)^{\frac{1}{2}} \cdot O_{sr} \cdot e^{\frac{2\pi i}{h}(\Theta_s - \Theta_r)}\right.$$
$$+ \frac{1}{2}\sum_{ss',rr'} N_s^{\frac{1}{2}} (N_{s'} - \delta_{ss'})^{\frac{1}{2}} \cdot (N_r + 1 - \delta_{rs} - \delta_{rs'})^{\frac{1}{2}} \tag{254}$$
$$\left. \cdot\, (N_{r'} + 1 + \delta_{rr'} - \delta_{r's} - \delta_{r's'})^{\frac{1}{2}} \cdot e^{\frac{2\pi i}{h}(\Theta_s + \Theta_{s'} - \Theta_r - \Theta_{s'})} + \cdots\right\} b(N_1\ldots).$$

Andererseits heißt die Hamiltonsche Funktion der Wellentheorie, die zur Partikeltheorie (250) gehört:

$$\overline{H} = \int dv_P\, \psi_P^* O^P \psi_P + \frac{1}{2}\iint dv_P\, dv_{P'}\, \psi_{P'}^* \psi_P^* O^{PP'} \psi_{P'} \psi_P + \cdots \tag{255}$$

Nach Gleichung (244) ergibt sich hieraus:

$$\overline{H} = \sum_{s,r} a_s^* a_r O_{sr} + \frac{1}{2}\sum_{ss';rr'} a_s^* a_{s'}^* a_r a_{r'} O_{ss'rr'} + \cdots$$

Durch Einsetzen von (246) in die Gleichung

$$\overline{H} S + \frac{h}{2\pi i} \cdot \frac{\partial}{\partial t} S = 0$$

erhält man

$$0 = \left\{ \frac{h}{2\pi i} \frac{\partial}{\partial t} + \sum_{s,r} N_s^{\frac{1}{2}} O_{sr} e^{\frac{2\pi i}{h}(\Theta_s - \Theta_r)} N_r^{\frac{1}{2}} + \frac{1}{2} \sum_{ss', rr'} N_s^{\frac{1}{2}} e^{\frac{2\pi i}{h}\Theta_s} N_{s'}^{\frac{1}{2}} \right.$$

$$\left. \cdot e^{\frac{2\pi i}{h} O_{s'}} \cdot O_{ss', rr'} \cdot e^{-\frac{2\pi i}{h}\Theta_r} N_r^{\frac{1}{2}} \cdot e^{-\frac{2\pi i}{h}\Theta_{r'}} N_{r'}^{\frac{1}{2}} + \cdots \right\} S(N_1 N_2 \ldots).$$

Verschiebt man wieder alle Operatoren $e^{\frac{2\pi i}{h}\Theta}$ nach rechts, so entsteht

$$0 = \left\{ \frac{h}{2\pi i} \frac{\partial}{\partial t} + N_s^{\frac{1}{2}} (N_r - \delta_{sr} + 1)^{\frac{1}{2}} \cdot O_{sr} e^{\frac{2\pi i}{h}(\Theta_s - \Theta_r)} \right.$$

$$(256) \qquad + \frac{1}{2} \sum_{ss', rr'} N_s^{\frac{1}{2}} \left(N_{s'} - \delta_{ss'} \right)^{\frac{1}{2}} \cdot (N_r + 1 - \delta_{rs'} - \delta_{rs})^{\frac{1}{2}}$$

$$\left. \cdot (N_{r'} + 1 + \delta_{rr'} - \delta_{r's} - \delta_{r's'})^{\frac{1}{2}} e^{\frac{2\pi i}{h}(\Theta_s + \Theta_{s'} - \Theta_r - \Theta_{r'})} + \cdots \right\} S.$$

Diese Gleichung ist mit (254) identisch, womit die mathematische Äquivalenz des Partikel- und des Wellenbildes erwiesen ist. Bei Gültigkeit des Paulischen Ausschließungsprinzips und der V. R. (249) läßt sich der Beweis ähnlich führen.

Obwohl die klassischen Theorien von Partikelbild und Wellenbild absolut verschieden sind, sowohl in ihrem mathematischen wie in ihrem physikalischen Gehalt, sind die Quantentheorien der beiden Vorstellungen mathematisch und physikalisch identisch.

12. Anwendung auf die Theorie der Strahlung.

Die Maxwellschen Gleichungen gehen durch Variation der Potentiale aus der folgenden Lagrangefunktion hervor:

$$(257) \qquad L = \frac{1}{8\pi} (\mathfrak{E}^2 - \mathfrak{H}^2) + \Phi_\alpha s_\alpha.$$

Hierin bedeuten s_α ($\alpha = 1, 2, 3, 4$) die Stromdichten, Φ_α die Maxwellschen Potentiale; $\Phi_4 = i\Phi_0$; $x_4 = i c t$; ausführlich geschrieben wird daher L:

$$L = \frac{1}{8\pi}\left[\sum_i \left(\frac{1}{c}\frac{\partial \Phi_i}{\partial x} + \frac{\partial \Phi_0}{\partial x_i}\right)^2 - \sum_{i>k}\left(\frac{\partial \Phi_i}{\partial x_k} - \frac{\partial \Phi_k}{\partial x_i}\right)^2\right] + \sum_\alpha \Phi_\alpha s_\alpha . \tag{258}$$

(Lateinische Indizes gehen hier und stets im folgenden von 1 bis 3, griechische von 1 bis 4.) Die zu Φ_i kanonisch konjugierten Impulsfunktionen sind nach (224)

$$\Pi_i = \frac{\partial L}{\partial \dot{\Phi}_i} = \frac{1}{4\pi c}\left(\frac{1}{c}\frac{\partial \Phi_i}{\partial t} + \frac{\partial \Phi_0}{\partial x_i}\right) = \frac{1}{4\pi c}\mathfrak{E}_i . \tag{259}$$

Da für Lichtquanten die Bose-Einsteinstatistik gültig ist, folgen die V. R.

$$\mathfrak{E}_i(P)\,\Phi_\alpha(P') - \Phi_\alpha(P')\,\mathfrak{E}_i(P) = -2hci\,\delta(P-P')\,\delta_{i\alpha}$$

und durch Differentiation

$$\begin{cases} \mathfrak{E}_i(P)\,\mathfrak{E}_k(P') - \mathfrak{E}_k(P')\,\mathfrak{E}_i(P) = 0 \\ \mathfrak{H}_i(P)\,\mathfrak{H}_k(P') - \mathfrak{H}_k(P')\,\mathfrak{H}_i(P) = 0 \\ \mathfrak{E}_1(P)\,\mathfrak{H}_2(P') - \mathfrak{H}_2(P')\,\mathfrak{E}_1(P) = -2hci\dfrac{\partial\,\delta(P-P')}{\partial x_3(P)} \text{ u. zykl.} \end{cases} \tag{260}$$

Eine Schwierigkeit bildet der Umstand, daß Φ_0 in der Lagrangefunktion nicht vorkommt. Diese Schwierigkeit ist aber nur für die V. R. der Potentiale mit den Feldstärken wesentlich, die V. R. (260) bleiben davon unberührt.

Entwickelt man wieder die Φ_α nach einem geeignet gewählten Orthogonalsystem (z. B. stehende Schwingungen in einem Hohlraum), so wird der Energieinhalt, der zur Eigenschwingung der Frequenz ν gehört, ein ganzzahliges Vielfaches von $h\nu$; man kann dann die Anzahl der Lichtquanten in jeder Eigenschwingung als die Variabeln des Systems auffassen, wie Dirac dies in seiner Strahlungstheorie durchführt, und so Partikeltheorie treiben.

Literaturverzeichnis.

1) C. T. R. Wilson, Proc. Roy. Soc. **A 85**, 285; 1911, vgl. Jahrbuch d. Radioakt. **10**, 34; 1913.

2) Davisson u. Germer, Phys. Rev. **30**, 705; 1927, Proc. Nat. Acad. **14**, 317; 1928. — C. P. Thomson, Proc. Roy. Soc. **A 117**, 600, 1928; **A 119**, 651; 1928. — Kikuchi, Jap. Journ. Phys. **5**, 83; 1928, — Rupp, Ann. d. Physik **85**, 981; 1928.

3) A. H. Compton u. A. Simon, Phys. Rev. **25**, 306; 1925.

4) A. Einstein, Ann. d. Phys. **17**, 145; 1905.

5) J. Franck u. G. Hertz, Verh. d. Deutsch. Phys. Ges. **15**, 613; 1913.

6) L. de Broglie, Ann. d. phys. sér. 10, **2**; 1925.

7) N. Bohr, Naturwissenschaften **16**, 245, 1928. Vgl. auch N. Bohr, H. A. Kramers, J. C. Slater, ZS. f. Phys. **24**, 69; 1924.

8) W. Heisenberg, ZS. f. Phys. **43**, 172; 1927.

9) Vgl. 8) und Kennard, ZS. f. Phys. **44**, 326; 1927.

10) Vgl. Kennard 9) und C. Darwin, Proc. Roy. Soc. **A 117**, 258; 1927.

11) P. Ehrenfest, ZS. f. Phys. **45**, 455; 1927.

12) H. Weyl, ZS. f. Phys. **46**, 1; 1927.

13) N. Bohr 7) sowie Naturwiss. **17**, 483, 1929 und **18**, 73, 1930; ferner Atomteori og Naturbeskrivelse, Festschrift der Kopenhagener Universität 1929.

14) M. Born, ZS. f. Phys. **38**, 803; 1926. — Vgl. auch N. F. Mott, Proc. Roy. Soc. **A 126**, 79; 1930.

15) Duane, Proc. Nat. Acad, **9**, 158; 1923.

16) A. Einstein, Sitzungsber. d. preuß. Akad. 334; 1926. — A. Rupp, Sitzungsber. d. preuß. Akad. 341; 1926.

17) A. Smekal, Naturwiss. **11**, 873; 1923; H. Kramers u. W. Heisenberg, ZS. f. Phys. **31**, 681; 1925.

18) C. Raman, Nature **121**, 501; **122**, 12; 1928.

19) P. A. M. Dirac, Proc. Roy. Soc. **A 114**, 243, 710; 1927.

20) P. A. M. Dirac, Proc. Roy. Soc. **A 117**, 610; 1928; **A 118**, 351; 1928.

21) G. Breit, Journ. of the Optical Society Am. **14**, 374; 1927.

22) W. Bothe u. H. Geiger, ZS. f. Phys. **32**, 639; 1925.

23) A. Einstein, Phys. ZS. **10**, 185; 1909.

24) M. Born, W. Heisenberg, P. Jordan ZS. f. Phys. **35**, 557; 1926.

25) O. Klein, ZS. f. Phys **53**, 157; 1929.

26) N. Bohr, ZS. f. Phys. **13**, 117; 1923.

27) W. Heisenberg, ZS. f. Phys. **33**, 879; 1925, M. Born und P. Jordan, ZS. f. Phys. **34**, 858; 1925 und 24); s. a. W. Heisenberg, Mathem. Ann. **95**, 683; 1926.

28) P. A. M. Dirac, Proc. Roy. Soc. **A 109**, 642; 1925.

29) P. A. M. Dirac, Proc. Roy. Soc. **A 113**, 621; 1927. — P. Jordan, ZS. f. Phys. **40**, 809; 1927.
30) E. Schrödinger, Ann. d. Phys. **79**, 361, 489; 1926.
31) W. Heisenberg, ZS. f. Phys. **40**, 501; 1926.
32) Siehe 31) und P. A. M. Dirac, Proc. Roy. Soc. **A 112**, 661; 1926.
33) S. N. Bose, ZS. f. Phys. **26**, 178; 1924. — A. Einstein, Sitzungsber. d. preuß. Akad. 261; 1924.
34) W. Pauli, ZS. f. Phys. **31**, 765; 1925.
35) E. Fermi, ZS. f. Phys. **36**, 902; 1926, und 32).
36) E. Wigner, ZS. f. Phys. **40**, 883; 1927.
37) D. R. Hartree, Proc. Cambr. Phil. Soc. **24**, 89; 1928.
38) Vgl. 24), 30) und P. Jordan u. W. Pauli, ZS. f. Phys. **45**, 151; 1928. — P. Jordan u. O. Klein, ZS. f. Phys. **45**, 751; 1927. — P. Jordan u. E. Wigner, ZS. f. Phys. **47**, 631; 1928. — G. Mie, Ann. d. Phys. **85**, 711; 1928. — W. Heisenberg u. W. Pauli, ZS. f. Phys. **56**, 1; 1929; **59**, 168; 1930. — E. Fermi, Rendiconti d. R. Acc. d. Lincei (6) **9**, 881; 1929.

Namen- und Sachregister.

(Die Zahlen bedeuten die Seiten.)

Absorption 60.
α-Strahlen 3, 50.

Bahnbegriff 24.
Beobachtung 43.
Beugung von Materiestrahlen 4, 17, 57.
— von Licht 4
Bohr 7, 9, 15, 19, 24, 35, 47, 60, 78.
Born 25, 42, 53, 72.
Bose-Einstein-Statistik 39, 72, 93, 110, 113.
Bothe 70.
Breit 65.
De Broglie 7, 36, 96, 98
De Broglie-Wellen 7; 17, 36, 96.

Compton 5, 68.
Comptoneffekt 5, 16, 25, 68.
Compton-Simonsches Experiment 5, 68 u. f.

Darwin 53.
Davisson 4, 57, 62.
Dirac 42, 62, 80, 82, 84, 113.
Doppler-Effekt 19, 59.
Duane 57.

Einstein 7, 29, 47, 57, 70.
Ehrenfest 27.
Elektronenstoß 6.
Energiemessung 29.
Emission 60.
Erhaltungssätze 43, 60, 65, 99.

Fermi 39, 93.
Fermi-Dirac-Statistik 39, 93.
Franck 6.

Gebundene Elektronen 23.
Geiger 70.
Geiger-Bothesches Experiment 70.
Gemenge 43, 46.
Germer 4, 57, 62.
Geschwindigkeitsmessung 19.

Hartree 101, 109.
Hertz 6.

Impulsmessung 19.
Interferenz des Lichtes 65 u. f.
— der Wahrscheinlichkeiten 45.

Jordan 42, 72, 77, 82, 109.

Kausalgesetz 43, 47 u. f.
Kennard 11.
Kikuchi 57.
Klein 62, 76, 77, 101, 109.
Komplementarität 47.
Korrespondenzprinzip 62, 78.
Kramers 61.

Lichtquanten 5, 7, 16, 25, 29, 59, 62 u. f., 72, 93.

Magnetische Ablenkung von Materiestrahlen 21, 32, 40.
Matrizen 79.
Mikroskop 16.

Nadelstrahlung 65 u. f.

Ortsbegriff 11, 15.
Ortsmessung 15, 23.

Pauli 96, 109, 112.
Paulisches Ausschließungsprinzip 93.
Potentialschwelle 30, 70.

Ramaneffekt 61.
Raum-Zeitbeschreibung 1, 47.
Reiner Fall 43.
Relativitätstheorie 2, 42, 47, 75.
Relativistische Wellengleichung 62, 75.
Resonanz 88.
Resonanzfluoreszenz 35.

Rückstoß bei Strahlung 65.
Rupp 4, 57, 59.

Schrödinger 25, 53, 64, 91. 96.
Schrödingerfunktion 25, 30, 53, 85, 91, 96.
Schwankungserscheinungen 70, 90.
Simon 5, 68.
Smekal 61.
Sommerfeld 101.
Statistik 93.
Statistische Deutung der Quanten-Theorie 42.
Stern-Gerlachsches Experiment 32, 45, 61.
Störungstheorie 86.
Strahlungstheorie 60.
Superposition 45, 53.
Szintillation 18.

Thomson 4, 57.
Transformationstheorie 42, 82.

Unbestimmtheitsrelationen im Partikelbild 9 u. f.
— im Wellenbild 36 u. f.

Vertauschungsrelationen 80, 104.

Wahrscheinlichkeitspaket 9, 24, 27, 29, 51.
Wellenpaket 9, 24, 27, 29, 51.
Wellentheorie 36, 96.
Weyl 43.
Wigner 109.
Wilson 3.
Wilson-Aufnahmen 3, 18, 50.

Zerstreuung von Wellenpaketen 28.